中国传统建筑

解析与传承

THE INTERPRETATION AND INHERITANCE OF
TRADITIONAL CHINESE ARCHITECTURE

Editorial Committee of the Interpretation and Inheritance
of Traditional Chinese Architecture: Jilin Volume

《中国传统建筑解析与传承 吉林卷》 编委会 编

吉林卷
Jilin Volume

中国建筑工业出版社

审图号：吉S（2009）168号

图书在版编目（CIP）数据

中国传统建筑解析与传承. 吉林卷 /《中国传统建筑解析与传承·吉林卷》编委会编. —北京：中国建筑工业出版社，2019.12

ISBN 978-7-112-24389-1

Ⅰ. ①中…　Ⅱ. ①中…　Ⅲ. ①古建筑–建筑艺术–吉林　Ⅳ. ①TU-092.2

中国版本图书馆CIP数据核字（2019）第245859号

责任编辑：吴　绫　胡永旭　唐　旭　张　华
文字编辑：李东禧　孙　硕
责任校对：王　烨

中国传统建筑解析与传承　吉林卷

《中国传统建筑解析与传承　吉林卷》编委会　编

*

中国建筑工业出版社出版、发行（北京海淀三里河路9号）

各地新华书店、建筑书店经销

北京锋尚制版有限公司制版

北京富诚彩色印刷有限公司印刷

*

开本：880×1230毫米　1／16　印张：13¾　字数：403千字

2020年9月第一版　2020年9月第一次印刷

定价：158.00元

ISBN 978-7-112-24389-1

(34888)

本卷编委会

Editorial Committee

主　　编：王　亮

副 主 编：李天骄

顾　　问：安　宏、肖楚宇、陈清华、赵亚男、郭华瞻

编　　委：李雷立、宋义坤、张　萌、金日学、李之吉、张俊峰、曲晓范、孙守东

参编单位：吉林建筑大学
　　　　　吉林建筑大学设计研究院
　　　　　吉林省住房和城乡建设厅
　　　　　吉林省建苑设计集团有限公司

目 录

Contents

前 言

第一章 绪论

002　第一节　吉林省区位概况

004　第二节　吉林省地貌与气候

004　一、地貌与水系

005　二、气候

005　第三节　吉林省地域文化概述

005　一、吉林地域文化的构成

006　二、吉林地域文化的发展

007　第四节　吉林省传统建筑特征

008　一、舒朗大气的总体布局

008　二、简洁明快的形制特征

009　三、就地取材的地域建造

009　四、风格各异的民族特色

010　五、质朴粗犷与精雕细刻并存的装饰特征

011　第五节　吉林省近代以来的城市发展

011　一、行政建制沿革

012　二、吉林省近代以来的城市的发展与城市特色

上篇：吉林传统建筑文化特征与解析

第二章　吉林省东部地区传统建筑解析

027	第一节　概述
027	一、自然环境
027	二、历史文化
028	第二节　典型传统建筑
028	一、都城
032	二、墓葬
034	三、建筑
049	第三节　传统建筑特征解析
050	一、空间组织特色
050	二、单体与装饰特征
052	三、材料与工艺特征

第三章　吉林省中部地区传统建筑解析

054	第一节　概述
054	一、自然环境
055	二、历史文化
055	第二节　典型建筑
055	一、宗教建筑
069	二、府邸
074	三、民居
081	第三节　传统建筑特征解析
081	一、空间组织特色
081	二、单体与装饰特征
086	三、材料与工艺特征

第四章　吉林省西部地区传统建筑解析

089　　第一节　概述

089　　一、自然环境

090　　二、历史文化

090　　第二节　典型建筑

090　　一、城址

092　　二、建筑

103　　第三节　传统建筑特征解析

103　　一、空间组织特色

103　　二、单体与装饰特征

104　　三、材料与工艺特征

下篇：吉林传统建筑文化传承与发展

第五章　吉林省近代建筑的继承与发展

109　　第一节　吉林省近代建筑的发展概况

109　　一、吉林省近代建筑的萌芽期

112　　二、吉林省近代建筑的发展期

114　　三、吉林省近代建筑的提速期

114　　第二节　近代传统建筑的延续与发展

119　　第三节　近代新建筑体系对传统的继承和发展

119　　一、民族风格的自主探索

126　　二、民族传统的外来继承

138　　第四节　吉林省近代建筑的影响和历史价值

第六章　吉林省当代建筑的传承与创新

141　　第一节　20世纪50～60年代建筑创作高峰期

141　　一、居住建筑

145　　二、公共建筑

153 第二节 改革开放以来的建筑创作回顾

153 一、以功能实用为主的建设恢复阶段（1978～1990年）

155 二、建设量激增的快速发展阶段（1991～2000年）

159 三、趋于理性的多元发展阶段（2001年以来）

166 第三节 吉林省当代建筑创作的传承与发展

166 一、基于自然环境的地域建筑表达

172 二、基于城市文脉的地域建筑表达

177 三、基于材料和建造的地域建筑表达

182 四、基于隐喻和符号的地域建筑表达

189 五、基于场所精神的地域建筑表达

193 第四节 吉林省当代建筑文化传承的策略与途径

193 一、吉林省建筑文化的传承原则

193 二、吉林省建筑文化的传承策略

194 三、吉林省建筑文化的传承途径

第七章 结语

附 录

参考文献

后 记

前　言

Preface

　　城市与建筑是人类重要的生存载体，是人类文明的物化象征，它记录了人类改造自然创建文明的实践与历程。人类与建筑同生共存，人赋予建筑以功能与生命。

　　吉林省位于东北中部，东枕长白山脉，中卧松辽平原，西襟内蒙古科尔沁草原。境内松花江由东南向西北纵贯而过。据考古资料证实，距今7万年至1万年，"榆树人"、"安图人"、"青头山人"就已在这片热土上休养生息，留下了颇具特色的原始文化印迹。曾几何时，汉、东胡、秽貊、肃慎四大族系，在白山松水之间上演过波澜壮阔的历史活剧，创造出颇具地域特色的长白山文化。吉林古代建筑即是长白山文化外在的表现形态，而建筑外在形态构成的内在因素又源于长白山文化生成的民族根脉。从这个意义上，长白山文化除去特有的自然天成的属性而外，即是多民族社会文明交融进步的综合体。

　　早在战国时期，吉林西南部已纳入燕国辽东郡；汉时吉林南部分属玄菟、真番、沧海郡。秽貊族系的夫余、高句丽；东胡族系的乌桓、鲜卑、契丹；肃慎族系的挹娄、女真、满洲等，都先后在吉林境内建立过高句丽、渤海、辽、金等少数民族政权。他们一旦强大起来，便举族南下入主中原，对中国古代社会历史产生过一定的或重大的影响，最终融入中华民族的主体之中，成为民族大家庭中的一员。吉林古代少数民族就生产生活方式而言，一直处在奴隶制向早期封建制转型的过程中。女真部族是少数民族中社会转型较早的一支，北宋末期推翻辽朝的统治，建立了金国，一度定都北京。大明帝国建立初期，女真部族分为建州女真（辽宁）、海西女真（吉林）、野人女真（龙江）三大部。海西女真主要活动在吉林境内，又分为乌拉、哈达、辉发、叶赫四大部落，史称"扈伦四部"。然而，就其生产生活方式而言，仍旧停留在渔猎、游牧、采集、半农耕的境况中。女真人修筑了形式独特的城镇，城镇围以土墙，设有城门，围墙有雉堞。平原上修筑的城池，多为方形；东部山林地带修筑的古城与民居建筑的形制不定，大率因地缘山势而建。凡此种种，从秦汉到明清历代，东北少数民族在生产生活的实践中，创造出颇具长白山地域特色的城池与建筑文化。

　　吉林境内具有代表性的古城与建筑遗存，如秦汉时期的高句丽王城；唐宋时期渤海国的早期古城；辽金时期的黄龙府、塔虎城、宝马古城；明清时期的柳条边墙、乌拉街、叶赫古城、天恩地局、延边边务公署、道台衙署等，其城垣与建筑多是效仿唐代渤海国和辽金时期的建筑样式与风格。尽管少数晚清官衙、宗教、铁路等建筑，受到了西方建筑理念、形制、用材的影响，但从庭院布局、建筑结构、施工工艺等方面，仍保留有鲜明的中国传统建筑印痕。

在近代，俄日列强的入侵与角逐，致使吉林内生性的民族资本生成受到阻滞，其半殖民地半封建社会的程度日益加深。特别是1931年"九·一八"事变，日本武装侵占东北，并建立傀儡政权"伪满洲国"，东北三省沦为日本的殖民地。长春一度作为"伪满洲国"的国都（新京），其城市规划与建设受到的影响是极其深刻的。一方面，吉林省长春市作为"伪满洲国"的统治中心，殖民国家的形态较为完备，其政治、经济、文化具有鲜明的殖民统制印记；一方面，"国都"建设规划依据英国学者霍华德的"田园城市"理论，仿照法国巴黎、澳大利亚堪培拉城市进行设计，西方的城市规划与建筑理念，工业化运营模式与先进建造工艺等，给"国都新京"的城市与建筑增添了现代主义色彩，使其成为当时亚洲屈指可数的"大都市"。东北的南部中心城市沈阳、北部中心城市哈尔滨也纳入"伪满"重点都市建设范畴，从而形成了近代东北城市规划建设的第一个机遇期和高峰期。

就城市与建筑而言，"伪满"遗存带有鲜明的殖民色彩是无法回避的问题。但作为警示性建筑文化遗存，也留有中西建筑借鉴融合的痕迹。尤其是日本侵占东三省后，将西方的建筑理念、风格、样式、工艺引进都市建设。中日、中西建筑元素的合璧，又形成了颇具特色的所谓"满洲式"建筑。事实上，在"伪满"政权这个"混血儿"的肢体里，依旧涌动着的是中华民族的血脉，更何况日本文化中留有诸多中国传统文化的基因，日本殖民者企图用大和文化同化中华文化的妄想最终只能成为泡影。"伪满"政权为标榜其"大东亚共荣"，"五族协和"，欺骗与混淆国际视听，在建筑中亦保留了中国传统建筑的诸多元素。如，围合式庭院、门窗镂空花饰、石木砖雕、坡屋顶、木屋架、斗栱飞檐等，这些理应成为中国传统建筑解析与传承的重要组成部分。如"伪满"皇宫、"伪满"八大部、"伪满"金融、宗教、公共、交通、文教、医疗建筑等。

建筑亦有生命。就其历史建筑遗存的生命体征来说，都已是年逾百岁的老者。古代吉林少数民族政权的频繁更替，决定了民族建筑文化传承的间歇性；多民族文化的交融，决定了民族建筑文化传承的多样性；东西方文化碰撞的差异性和吸纳性，又决定了民族建筑元素传承的延续性和国际性等。如果从社会的政治意义上讲，长春市内保留有近现代建筑遗存近400余处，"伪满"时期的代表性建筑约70余处。"伪满"皇宫及军政机构旧址等11处，不乏亚洲近现代建筑史上的经典之作，现已公布为全国重点文物保护单位。解析和传承这些固化了的近代建筑遗存，不仅仅是为了城市的救赎，而是为了用建筑物语见证日本对中国东北的侵略，警示国人勿忘殖民之痛，振奋自省自信自立自强的民族精神。

中华人民共和国建立后，国家迅速完成了新民主主义社会向社会主义社会的历史过渡，确立了社会主义制度。1953年，国民经济"一五"计划开始颁布实行，建设东北工业基地成为国家发展战略的重点内容之一。东北的城市规划与建设亦进入了近代以来的第二个机遇期和高峰期。长春作为吉林省省会城市被纳入全国重点发展建设的城市之一，很快就建成了以机械工业为重心的包括汽车、轨道客车、拖拉机、柴油机的工业体系。国民经济"一五"、"二五"计划期间，由国人自主设计建造的长春市建国初期特色建筑拔地而起，其建筑特色彰显了中华人民共和国成立后长春作为北方重点省会城市（一度为政务院院辖市）的高端形象，体现了长春作为重工业基地和科教城市的建设宗旨，浓缩了新中国长春城市的时代精神，表现出社会主义新中国的勃勃生机与活力。长春市规划以城市中轴线的原斯大林大街（今人民大街）和城市南部作为行政中心和科教中心，设计建造了一批代表新时代建筑业发展水平的大型建筑。诸如：具有民族传统风格的长春地质宫、吉林省图书馆；体现朴实端庄实用主义现代风格的吉林大学理化楼、工人文化宫、吉林省宾馆、长春体育馆等。这些建筑都代表着当时中国建筑业的水平，是东北老工业基地政治、经济、文化建设重要的历史见证物，具有重要的历史价值、建筑价值和社会价值，成为新中国近现代建筑成就的杰出代表。

长春市在中华人民共和国成立初期的特色建筑，从城市规划与建设的视域来看，充分体现了新中国根除殖民主义历史影响，建设社会主义城市文化的坚定意志，对提升国人的理论自信、制度自信、道路自信和文化自信起到了不可估量的历史影响与作用。仅从建筑物的规模、结构、体量、科技、工艺、外观上看，就已超越了东北沦陷时期日本殖民者在长春建造的所谓的标志性建筑物。特别是长春地质宫和吉林省图书馆这两栋建筑均采用民族传统建造模式，与"伪满"建筑遗存形成了鲜明对照。一方面隐喻象征着东北人民摆脱日本殖民者统治，迎来了国家的独立和民族的解放；一方面长春城在党的领导下旧貌变新颜，焕发出鲜亮的历史光彩，充分体现了社会主义制度的先进性与优越性。从这个意义上，长春市建国初期的特色建筑，代表了建国初期建筑界同仁探索传承民族建筑风貌和形式的高端成就，给长春乃至吉林人民留下了具有划时代意义的"红色"经典建筑。

如果从吉林省历史建筑本体的意义来讲，每个历史时期的建筑都不同程度地刻下了那个时代的烙印，成为吉林省社会变迁文明发展的历史见证物。尤其是不同社会文化背景下生成的城市建筑，皆具有迥然不同的历史内涵与风貌。例如，长春市颇具特色的"伪满"时期的建筑遗存，它作为日本侵略东北留下的殖民记忆，建筑的生命体征已然老去，但并没有死去；二战的硝烟早已散去，但潘多拉的神话还在续说；殖民的罪孽与灾祸已不再延续，但却作为凝固了的城市记忆留存下来。解析和传承这些建筑文化遗存，不能只是单纯地强调"铭记历史警示未来"的社会意义，而是将城市与建筑视为人类生存的共同载体和创造物，引导世人对其护佑与传承，以更好地延续建筑本体所特有的惠及人类的时空载体与实用功能。其实，保护城市建筑遗存的最高境界即是保护历史，亦是对历史文化以及人类创造物的敬畏、尊重与传承。

也正因为如此，我说建筑亦有生命。

第一章　绪论

改革开放40年，中国社会的各个方面都发生了翻天覆地的变化。经济发展水平，人民生活水平都显著提升。物质文明建设日新月异。有学者指出，在现代变迁中，物质文化的变迁总是先于非物质文化，建筑作为物质文明和精神文明的双重载体，如何在继承中发展，在传承中创新，体现着一个国家和地区的文化软实力。独特长白山文化哺育了吉林广大地区的各族人民。经过几百年的融合演变形成了吉林地域的传统建筑文化。它既是故国家园又是我们自信的源泉。一方水土养一方人，一方水土同样造就一方建筑。白山松水之间，建筑现代化带给我们发展的同时，对曾经的过往下意识地回眸，有意识地梳理，才能滋养出新时代的建筑和文化。

第一节　吉林省区位概况

　　吉林省位于中国东北中部，地处东北亚地理中心（图1-1-1）。地处东经122～131度、北纬41-46度之间。北接黑龙江省，南接辽宁省，西邻内蒙古自治区，东与俄罗斯接壤，东南部以图们江、鸭绿江为界，与朝鲜民主主义人民共和国隔江相望。东西长650公里，南北宽300公里。面积约18.74万平方公里，占全国面积2%。人口2753.3万人，占全国人口的2.03%；吉林省是一个多民族省份，境内主要有汉族、朝鲜族、满族、蒙古族、回族、锡伯族等民族。除汉族外，朝鲜族主要分布在东部的延边、吉林、通化、白山等市州，蒙古族和锡伯族主要分布在西部的白城市和松原市，满族、回族以长春、吉林、通化、四平市居多。吉林省是中国重要的工业基地和商品粮生产基地。吉林省简称"吉"，省会长春市。

　　吉林省地处中温带，气候温和，地貌多样，物产丰饶。

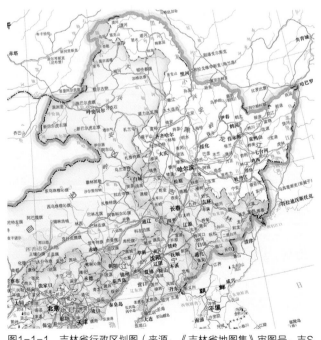

图1-1-1　吉林省行政区划图（来源：《吉林省地图集》审图号：吉S（2009）168号）

　　先天具有的自然禀赋为本省区的住民发展生产、创造人类文明提供了优越的空间环境，所以自3000年前的远古肃慎人时代起，就具有了一定规模的采集、渔猎文化和人口住居的早期社会空间形态——原始穴居聚落。

　　从公元前37年到公元668年间，即中原地区的汉朝和唐朝时期，今吉林省境内基本属于夫余和高句丽政权管辖。夫余国和高句丽统治时代，其控制区域大体相近，前者的活动区域为今吉林省的中东部，吉林省的长春、农安、吉林市、敦化市曾先后成为扶余国的王城，已经产生了设施相对完善的"城池"。这是区域社会已经发展到了较高层次的标志（已有吉林市东郊帽儿山的夫余古墓群和榆树市老河身等地的考古证实）。[①] 后者也活动于吉林省的中东部，但后来则集中于吉林东南部，其王城位于今吉林省集安市。其构筑物的大体量、绘制精美程度，都为吉林省早期历史上所仅见。唐高宗总章元年（公元668年），唐朝和新罗联合灭高句丽，设置安东都护府和室韦都护府。靺鞨、挹娄、勿吉等古代诸民族相继兴起，靺鞨建立的渤海国和契丹建立的东丹国都在吉林地区。这些少数民族政权为与同时并存的夫余等民族政权展开竞争和对抗，同时也是为推进疆土、扩展基业之需要，连续修建了上京龙泉府（遗存位于今黑龙江省宁安市，遗址保存完好程度为此间遗存最好，保留了建筑基址和石灯原物等）、中京显德府（即今位于和龙市西北20多公里处的西古城。分内外两城，外城南北长720米，东西宽630米，总面积约45万平方米。内城南北370米，东西宽190米，在内城设有5座宫殿。从发掘出来的绿釉瓦当看，其工艺水平达到了很高层次）、东京龙原府（遗址在今珲春市以西6公里处。内外两城，其外城呈正方形，土筑，每边700多米，周长近3000米，总面积约50万平方米。内城有三个，由南向北，依次分布，通称"中央三城"。其中北城南北墙218米，东西墙长318米，周长1072米。三城合起来，再加上其两侧另设的两面四城，共七城，包括外城，形成八城一体（八连城）的宏大景观。现有宫殿遗址多

---

① 曲晓范，赵欣. 吉林城镇通史［M］. 长春：吉林人民出版社，2015：序言第1页.

处)、西京鸭渌府(位于白山市所属的临江市境内)、扶余府、长岭府(即今桦甸市的苏密城遗址处)等。[①] 从各地发掘出的精美瓦当和筒瓦及其他建筑构件看,渤海国时期的吉林建筑工艺水准已经接近或达到了同期中原地区的中等发展水平,充分显示了吉林古代城镇史和建筑史的久远和绵长。

辽朝吉林属东京道和女真辖区。金朝时,今吉林省全境大体为上京路、胡里遵改路、东京路管辖区覆盖。[②] 辽金两代,吉林省的都城府城不仅数量明显增多(代表性城市有农安黄龙府、前郭尔罗斯的塔虎城),其功能亦有变化,在以军事设防为主外,出现了一批以"捺钵"活动为核心而建立的皇帝巡游性质的城市,这是吉林省城镇及其建筑发展呈现民族多元化的历史起点。

元朝时今吉林地域隶属于辽阳行省。明朝时,今吉林境内大部隶属于"奴儿干都司地",司下"设卫一百八十四,设所二十"。后为长白山三部和扈伦四部所属辉发、乌拉、叶赫、哈达各部及东海部管辖。明代至后金时期,由于东北地区军事斗争的加剧,作为巩固政权、组织战事的重要载体——城镇及其建筑物和构筑物在布局、建筑质量上,又有了明显的变化,即从散点式的分立呈现演化为线性组合结构,已有的政治堡垒型城镇都重新回归到严格规范的军事要塞性城镇,城镇及有规模的建筑物组群分布由传统的中东部为主,扩展到了西部草原地区,使区域社会发展有了一定程度的相对均衡特征。

吉林省拥有较为清晰和相对严格的省域空间范围是以清朝康熙元年(1662年)吉林将军职官[③] 设立为起点。吉林将军统率吉林地方驻防官兵。吉林地方在将军以下,分吉林、三姓、宁古塔、伯都讷、阿尔楚哈5个副都统辖区。

辖区范围东至西约1800公里,南至北约950公里,东南至西北约1380公里,西南至东北约1850公里。此外,东北还包括乌第河以南黑龙江下游的全部地区,以及海中的库页岛和沿海其他岛屿。总面积大约为100万平方公里,其中1861年中俄北京条约签订后被割给俄罗斯部分约为65万平方公里,其包括俄罗斯滨海边疆区约17万平方公里,库页岛7.6万平方公里,哈巴罗夫斯克边区南部约40万平方公里。

自清初开始,清廷在东北实施严格的封禁政策,很长时间内,外部人口很少能进入吉林定居生活,以致吉林将军辖区人口增长缓慢,整体呈现着一片蛮荒的状态。随着不平等的中俄《瑷珲条约》《北京条约》的相继订立,1861年以后,黑龙江以北、乌苏里江以东的大约100万平方公里的中国领土被俄国占据,而在这100万平方公里的领土中,属于吉林将军管辖下的领土大约为65万平方公里。从此,吉林将军管辖的土地缩小为29万平方公里,即今吉林省的松原市、长春市、吉林市、延边州,今黑龙江省哈尔滨市(松花江右岸)、牡丹江市、佳木斯市、鸡西市、七台河市、双鸭山市地域。

此时的吉林,地跨中温带和寒温带,居住的民族东部有满族、汉族、鄂温克、锡伯族。西部为蒙古族。由于清政府在1870年以后,逐渐开放实行多时的封禁政策,大批量的关内汉族民众不断涌入。也在这个时期,由于朝鲜北部出现了较大灾荒,大批居民为寻找生路,不顾朝鲜政府的禁令,纷纷徙入中国的东北边疆地区定居。随着日本在朝鲜侵略的加剧,跨境进入吉林境内的朝鲜族人口数量急剧增加。进入20世纪初,吉林境内逐渐形成以汉民族为主,满族、蒙古族、朝鲜族、回族等多民族聚居形态。

---

① 杨雨舒:《渤海国时期与辽金时期的吉林城镇》,《辽宁工程技术大学学报》,2011年第5期。
② 《清史稿》卷五十六,志第三十一,地理志第三十一。
③ 从严格意义上说,吉林将军设置的起点可从顺治十年(1653年)算起。是年,清廷将带兵驻守于宁古塔(今黑龙江省宁安市)的梅勒章京沙尔虎达的官职晋升为宁古塔昂帮章京,给"镇守总管印"其职权范围:南到今吉林省公主岭市、伊通满族自治县、磐石一线;东到吉林延边的龙井、和龙、图们、珲春;俄罗斯的海参崴及锡霍特山脉与日本海相接的边缘;库页岛(萨哈林岛)北到俄罗斯滨海边疆区,西面按美国等列强划分,由黑龙江口南来。沿松花江西岸南行,经过依兰、哈尔滨、德惠、双城到、宽城子(长春)。最初的正式名称为"镇守宁古塔等处将军",职官驻地为宁古塔。康熙十五年(1676年),职官驻地移往吉林乌拉城。吉林乌拉原名船厂,以顺治十五年(1658年)为防御俄罗斯造船于此而得名,移驻将军后始改名吉林乌拉。乾隆二十二年(1757年),职官名称改为吉林将军。

吉林省现有1个副省级城市长春市，7个地级市：吉林市、四平市、通化市、白山市、辽源市、白城市、松原市和延边朝鲜族自治州（图1-1-1）。60个县（市、区），其中包括前郭尔罗斯蒙古族自治县，伊通满族自治县，长白朝鲜族自治县。624个乡镇，9365个行政村，38539个自然屯（2015年统计数据）。

第二节　吉林省地貌与气候

一、地貌与水系

吉林省地貌形态差异明显，与全国西高东低的地势正好相反，地势由东南向西北倾斜，呈现明显的东南高、西北低的特征。以中部大黑山为界，是吉林省自然地理区域划分的重要分界线，称大黑山线。由此可分为东部山地和中西部平原两大地貌区。东部山地分为长白山中山低山区和低山丘陵区，中西部平原分为中部台地平原区和西部草甸、湖泊、湿地、沙地区。地貌地形主要有火山地貌、侵蚀剥蚀地貌、冲洪积地貌和冲积平原地貌。主要山脉有大黑山、张广才岭、吉林哈达岭、老岭、牡丹岭等。主要平原有松嫩平原，辽河平原。在总面积中，山地占36%，平原占30%，台地及其他占28.2%，其余为丘陵（图1-2-1）。

东南部为松花江的上游，位于中朝边境的长白山就是其源头。该区域属于山岳地带，原始森林蓊郁苍翠，地下有丰富的宝藏。中部和西北部是松花江流域大平原地带，沿江土地略带沙性，土壤肥沃，盛产农作物，沃野千里，可以说是吉林的谷仓。西部则是沙漠与碱土地区，地势平坦，经日光照射，土碱返出地面，不利耕种，历年为畜牧地带，蒙、汉居民在这里半牧半耕。

长白山是东北最高山系，也是欧亚大陆东缘的最高山系。著名的长白山天池是我国最高的火山口湖，也是松花江、图们江和鸭绿江三江发源地。由于海拔较高，从阔叶林到高山苔原植被垂直分布十分明显。是我国十

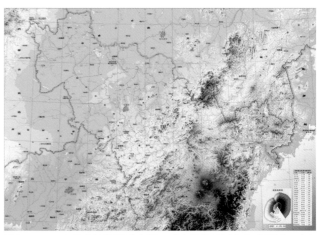

图1-2-1　吉林省地势图（来源：《吉林省地图集》审图号：吉S（2009）168号）

大名山之一，国家自然遗产地，具有丰富的自然和人文积淀。

长白山中山低山区，包括张广才岭、龙岗山及其以东的广大区域，海拔约在800~1100米之间，为全省最高地区。长白低山丘陵区，西以大黑山西麓为界，东至蛟河一辉发河谷地，多为海拔500米以下的缓坡宽谷的丘陵组成，沿河一带有成串的小盆地群：中部台地平原区，又称大黑山山前台地平原区。这一区域地势不太平坦，地面起伏较大，一般高度在海拔200~250米。西部冲积平原区，又称西部草原，广为沙丘覆盖，包括白城市、松原市西部和双辽市的北部。地面平均海拔110~160米，面积4.7万平方公里，占全省总面积的25%，草原面积占全省草原面积的90%以上。

吉林省境内主要河流有200余条，分属松花江、辽河、图们江、鸭绿江、绥芬河5大水系，其中以松花江流域最大。松花江有南、北两源。南源发源于长白山主峰长白山天池，习惯上以此作为松花江的正源。北源为嫩江，发源于大兴安岭支脉伊勒呼里山中段南侧，嫩江与第二松花江在吉林省扶余县的三岔河附近会合后称松花江，干流东流至同江附近，由右岸注入黑龙江。松花江流域广，上游水力资源丰富，适宜梯级开发；中下游航运发达，沿江为主要工农业区；下游是重要渔业基地（图1-2-2）。

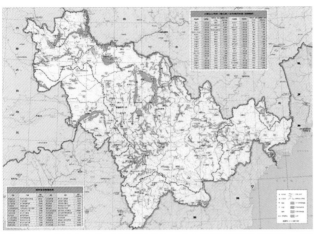

图1-2-2 吉林省水系、湿地图（来源：《吉林省地图集》审图号：吉S（2009）168号）

二、气候

吉林省处于北半球的中纬地带，欧亚大陆东部，属于温带半湿润、半干旱气候。夏季东部湿润多雨，西部干燥少雨多风沙，是显著的温带大陆性季风气候，冬季最显著的特点就是漫长寒冷。年平均气温在-3～-7℃之间，年均降水量为350～1000毫米。吉林地区气候的基本特征是：具有寒冷而漫长的冬季，温暖、湿润而短促的夏季。由于东北地区北临北半球冬季的寒极——东西伯利亚，冬季强大的冷空气南下，盛行寒冷干燥的西北风，使之成为同纬度各地中最寒冷的地区，与大西洋沿岸同纬度的其他地区相比温度一般低15℃左右。夏季受低纬度海洋湿热气流影响，气温则高于同纬度各地。因此，吉林地区年温差大大高于世界上其他同纬度地区。吉林省冬季寒冷而漫长，一般长达半年以上，1月平均最低气温在-20℃以下。冬季和早春寒潮多。降雪量大，最大积雪在50厘米以上。夏季短促，7、8月平均温度可达20℃以上。吉林省气温年较差在35～42℃，日较差一般为10～14℃。全年无霜期一般为100～160天。吉林省多年平均日照时数为2259～3016小时。年平均降水量为400～600毫米。雨热同期是本地区气候特征之一。

第三节 吉林省地域文化概述

所谓地域文化即"具有地域特征和属性的文化形态"。地域既包括自然地理的概念，也包括人文地理的概念。在我国，地域文化一般是指特定区域源远流长，独具特色，传承至今仍发挥作用的文化传统，是特定区域的生态、民俗传统、习惯等文明表现。它在一定的地域范围内与环境相融合，因而打上了地域的烙印，具有独特性。吉林省历史上远离中原王朝，清代以前大多时候由不同的少数民族政权或部落占据，旋生旋灭，没有形成相对稳定的文化传承。长白山区域作为满族的发祥地，数百年来逐渐形成了以白山松水为代表的长白山地域文化。并随着时代的发展和历史的变迁逐渐发展和演化。

《长白山志》[①]指出："广义的长白山，指长白山脉，或称长白山地，是中国东北东部山地的总称。其范围北至黑龙江省三江平原的南缘，西至松辽平原的东缘，南至辽东半岛南端，东至中俄边境，东部和南部至中朝边境。"长白山古称不咸山。在我国最早的一部地理学著作《山海经》中，就曾经有所记载。记载说："大荒之中有山，名不咸，在肃慎之国"。历代在此生息的各个民族都将其视为神山。长白山地区自古以来就是中国文化向朝鲜半岛、日本乃至北美传播的纽带和桥梁。著名的东北亚丝绸之路经过这里，长白山地区是中国文明走向东北亚各国的起点，又是中外文化交汇之区。

长白山不仅是东北地理上的重要标志，而且成为东北政治和文化的象征。

一、吉林地域文化的构成

吉林省东高西低的地理特征造就了三种不同的自然环境，形成了东部山高林密，雨量充沛，动植物资源丰富，适于采集、狩猎；中部丘陵台地和平原地土质肥沃，江河纵横，适于农耕；西部草原水草丰茂，适于游牧的差异性地域文

① 全哲洙. 长白山志 [M]. 长春：吉林人民出版社，2002.

化。构成了以长白山文化为代表的吉林特色文化属性。

（一）史前长白山文化

史前长白山文化，步履维艰，曙光初现。吉林省境内发现的旧石器时代遗址或地点年代跨越旧石器早、中、晚的各个时段，其文化内涵与我国华北、蒙古高原，东与朝鲜半岛、俄罗斯远东滨海地区、日本列岛等关系密切，特殊的地理位置，使其成为连接以上诸地区不可或缺的重要环节，为研究现代人类在东北亚地区的迁徙运动及文化交流的重要依据。吉林省新石器时代和青铜时代遗存是满天星斗中华文明起源的重要组成因素。

（二）古代长白山文化

古代长白山文化，烽烟四起，群雄逐鹿。公元前108年，西汉武帝在东北部分地区和朝鲜半岛北部设四郡及"汉武边塞"的发现，直接将吉林省纳入中央政权经略，中原文化在这里产生了强烈而深刻的影响。高句丽、渤海国迅速崛起，成为活跃在东北亚历史舞台的重要力量之一。辽、金、元、清跃马中原，扰动了国家版图，促进了民族的大融合。清的封禁政策，以布尔图库边门为代表的柳条新边遗存得以留存，使吉林省得以休养生息。

（三）近代长白山文化

近代长白山文化，殖民侵略，民族斗争。吉林省近代的历史伴随着清政府对东北封禁的解禁，首先形成了以闯关东为代表的移民文化，从而推进吉林省农业社会的形成；俄日列强的入侵，形成了中东铁路为代表的殖民文化，客观上加速了自给自足经济的解体，促进了吉林省近代化的历史进程；基于东北沦陷，形成了开展反帝反封建的革命斗争文化，这些构成了吉林省近代史的基本内容和时代特征。

二、吉林地域文化的发展

文化既是一种历史的现象，也具有地域的特色，一个地域文化的特质，既非造物主的赋予，亦非绝对理念的先验产物，而是一定的民族在一定的地域范围内，在长期的社会实践中创造、积淀而成的，这种创造和积淀不是凭空而生，而是深深地植根于民族物质经济生活的土壤之中的。长白山文化作为中华文化的一个组成部分，是农耕文化、渔猎文化、游牧文化相结合的物质文化，同时也是独具特色的民俗文化。作为一种地域文化，它具有以下鲜明的地方特色：

（一）浓厚的民族性

长白山作为东北亚最大的山系，广义的是指中国东北部和朝鲜北部山地、高原的总称，其范围"北至松花江和三江平原南缘，西至中长铁路，东至乌苏里江、兴凯湖、双城子（今俄罗斯乌苏里斯基境内）、绥芬河口及朝鲜北部沿海元山至平壤一带，南至中国的整个辽东半岛。"在这片土地上，养育过无数肃慎、东胡、夫余、靺鞨、朝鲜、契丹、女真、满、汉等民族的子民，他们此兴彼亡，创造出了绚烂多彩的文化。各个民族文化之间你中有我，我中有你，相互融合，有分有聚，有亡有兴。每一民族的兴起，都会带来一次文化的冲击。因此，在3000多年的历史上，长白山文化有着无数次的辉煌，广博而又精深，肃慎文化、高句丽文化、渤海文化、契丹文化、女真文化相继在这里产生并发展，为中华文化添上了精彩的一章。

（二）明显的边缘性

长白山文化与中原文化相比，属于比较落后的边缘文化。因为居住在这里的各个民族的文化发展相对于中原的农耕文化来说要晚，但却具有较强的开放性。在漫长的历史演进过程中，长白先民没有中原农耕文化中那种受孔孟思想几千年影响的陈腐观念，不会闭守家门拒绝外来文化的进入，而是知不足以师法中原，表现出强烈的开放性的学习精神。他们立足于当地土著文化的基础，博采汉文化之长，如"海东盛国"渤海国，它的文化基础就深深地打上了唐风烙印，被唐人誉称为"车书本一家"（温庭筠《送渤海王子归国》）。但是尽管在其发展过程中师法中原时期对其文化产生了深远的影响，但因历史上长白山区域一直是少数民族聚居地，又因交通的不便，而使这一地区的文化受中原文化的影响相对薄弱。夫余、高句丽、北部靺鞨诸部的土著文化仍极浓厚，呈现出很强的边缘性。

（三）较强的交融性

在人类文明史上，任何民族文化的发展都不是孤立进行的，而是相互交往、彼此吸收的。在文化交流、吸收的层次顺序上，首先是在其相邻近的民族之间进行的。渤海国创建了"海东文化"昌盛的局面，就是渤海族与室韦族、契丹族的文化交往有密切关系。也是由于中原文化向其渗透的结果，而女真文化在其发展过程中，受惠于契丹文化最多，满族文字的创立则是在蒙古文字的基础上加以改进的。

（四）文化的多元性

与中原农耕文化环境区别最大的是长白山地域内的民族分布是复杂、交错、多元的，其文化则呈现出农耕、渔猎、游牧文化相结合的色彩。长白山地区山环水绕，沃野千里，山中有水，水边山高林密，河湖众多。在这良好的生态环境里，各族人民从事农耕、渔猎、游牧活动是由来已久的，并创造了丰富多彩的物质文化。同中原地区单一的农耕文化相比，长白山区域文化中，农耕一直与采集、渔猎和畜牧经济共存，互相补充，形成了与中原地区"男耕女织"，农业与家庭手工业相结合的小农经济完全不同的生产方式。其文化内涵也较以小农经济为主的"农耕文化"丰富而特色鲜明，具有多元性。

（五）文化发展的间断性与跳跃性

从文明起源角度看，长白山文化在中华文化大系统内并不落后，而是与中原文化齐头并进的，甚至有可能是先于中原文化而发展的。但当长白文化跨入文明门槛之后，其纵向发展的轨迹则是曲折和跳跃式的，时而大踏步前进，时而

顷刻间毁灭，表现出与中原文化长期缓慢发展截然不同的历史特点。长白山文化发展进程中的这种"跳跃性"和"间断性"特点的产生，具有极其复杂的历史原因。一方面是其不断地冲击中原，走向汉化使其出现跳跃性发展的结果，另一方面则是由于战争的毁灭打击和"低势能文化"对"高势能文化"在征服过程中所产生的"文化原型衰落"现象造成其间断性发展。

从历史的、地域的角度看，在中华文化多元一体的发展格局中，长白山文化是一个健全的、充满活力的、开放的文化系统。因此，开发长白山文化，研究其历史成因及地域特点，大力弘扬长白山精神，对繁荣丰富中华民族文化，发展经济有着深远的历史意义和重大的现实价值。[①]

第四节　吉林省传统建筑特征

吉林省地处东北中部，历史上是我国一个重要的移民区域。伴随着各民族之间文化的交流和融合程度的不断加深，产生出具有多民族特征、多元文化内涵的吉林地方建筑文化。具有鲜明的严寒地区建筑文化的特点，也体现出地域居民丰富的生存智慧。具有兼容性、包容性和开放性的基本特征。

吉林原住民中东部以满族为主、西部以蒙古族为主。随着汉族和朝鲜族居民相继移入，带来了具有鲜明特色的民族建筑文化。伴随着各民族之间文化的交流和融合程度的不断加深，使东北地区民居建筑文化的内涵得到了进一步的丰富和提高。尤其是明清以来汉族居民多为来自华北和山东的移民，主要从事农业、商业和小手工业，又与当地土著满族居民杂居，分散在城镇和乡村，住宅建筑形式既沿袭了华北地区民居传统，又适应了东北地区的气候环境特点，还吸收了满族民居建筑的某些习惯做法，形成了鲜明的地方建筑文化特色，对进一步丰富和提高东北地区民居建筑文化内涵发挥

① 宋新波，崔丽荣. 长白山文化的历史成因及地域特点 [J]. 学问，2003（1）.

了积极作用。

吉林地区独特的建筑形态是在长期受自然环境、社会环境以及固有的民族文化等因素的共同影响下逐步形成和发展而来的，并由此衍生了具有吉林地城特色的建筑文化。

一、舒朗大气的总体布局

（一）松散自由的乡村聚落

由于吉林大地地广人稀，物产丰富。长期以来形成了舒朗大气的建筑总体布局。总体特征为松散、无中心；单体院落为主体，与不同自然地形有机结合。吉林省地势由东南向西北倾斜，呈现明显的东南高、西北低的特征。以中部大黑山为界，可分为东部山地和中西部平原两大地貌区。环境的不同，自然聚落在外部空间形态上也有很大的差异。从空间上看，吉林省中部地区在各个时期都为聚落密度最大的区域，聚落的空间演变呈现出从中部的平原、丘陵台地向西部的平原和东部的山地扩散的过程。在传统自给自足经济的基础上，近代吉林经济主要是靠外力因素支配，呈现跳跃性和非连续性特点，地区经济带有明显的殖民地特征和不平衡性。也导致自然聚落发展的不平衡。东部山区自然聚落在外部空间形态上表现为松散团聚型。村庄整体上呈团聚状，但住户间存在间隔较大；分为多核心状，条带状。西部平原自然聚落的外部空间形态表现为聚集型，呈单一组团状分布。所有聚落都没有明确的核心空间。为了获得向阳的朝向，房屋多成行列排布。

不同于汉族聚落，满族聚族而居，清初屯田为生，逐渐形成村落。满族一直将村称之为屯。

（二）顺应气候的环境格局

住宅总体布局绝大多数成纵向矩形。房屋和院墙距离宽松，房屋在院子中松散分布。厢房布置躲开正房以利于获得充足阳光。由于气候严寒，为了获取更多的日照，三合院布局较为常见。"大户人家的住宅，绝大部分都建筑在城市和较大的乡镇，住宅占地广大，规模宏伟。房屋间数很多，一般都是3米×6米左右的开间，房屋布置稀疏，四角都各不相连，成为单独的个体式。在房屋之间和房屋两旁，宁可空闲用地，也不建耳房或套房，使得房屋保持独立的完整性。因厢房较长，间数较多，使院心为矩形，不像北京住宅的院子是正方形。"[1] 乡村农民的住宅，有院的人家较少，一般都建一处正房，房前房后留有少量的空余地。房屋间数根据人口多少来决定。

不同于汉族和满族民居，朝鲜族民居的房屋布置较为随意，对于朝向不是特别重视，房屋以单体为主，房间都可独立对外开门，除了城镇住宅有简单的院子，绝大多数没有院子和围墙，往往沿道路排布建设。由于具有较深的趋吉避凶的文化心理，住宅方位和选址往往非常强调风水的因素。

二、简洁明快的形制特征

（一）简单紧凑的单体平面

吉林省传统建筑与东北大多数地区的传统建筑一样，平面都成简单的矩形。根据开间的不同分为两间房、三间房等。通过矩形单体的围合形成院落。

汉族民居讲求中轴对称，房门开在正中。满族民居的特点是"口袋房，万字炕，烟囱坐在地面上"。[2] 以西为尊，通过"借间"使西屋变大，所以房门偏东。朝鲜族民间住宅建筑和满、汉两族差别很大，主要是由生活习惯不同引起，主要表现在室内布置上。朝鲜族房屋火炕的面积很大，室内全部建设火炕，形成宜居多用的炕居空间。室内间壁墙完全做成活扇拉门，双面裱糊厚纸，很是轻巧灵活，必要时可以全部拉开，人多时可在室内聚会。房屋平面布置也是以间为单位，但是，取形随意，不受矩形固定式的拘束，具有灵活

① 张玉寰. 吉林民居［M］. 天津：天津大学出版社，2009.
② 东北民谣.

性。朝鲜族房屋不设单独的窗户，窗就是门，门就是窗，合为一处共同使用，谓之门窗合一。但其面积为窄长状，严重影响光线，室内较为阴暗。屋顶采取统一做法、没有特殊的变化，瓦房全做歇山式顶，草房全做四坡水式。烟囱全部使用木板制作，钉成正方形木筒直立于地面，式样构造比较简明，也是一种特殊的风格。

（二）大方厚重的建筑形态

在东北亚独特的地理、气候条件下，吉林省全年有超过一半的时间处于严寒或者寒冷状态，建筑的保温是当地居民生存的主要问题。为抵御长期严寒的侵袭，长久以来，建筑低矮以防风，墙体厚实以保暖成为低技术条件下的御寒手段。为了进一步节能保温，开窗面积较小，北向及山墙甚至不开窗，从而形成厚重的建筑形态。由于采暖技术（主要是火炕）的制约，几乎所有房屋都为单层建筑。

而对于相对富裕的传统官宦住宅，则房屋的房体相对高大，但山墙和瓦顶平直，没有曲线，相对呆板、简洁。若从建筑特性来分析，则给人以永久性和安全性的感觉。

三、就地取材的地域建造

在严酷的自然环境下，吉林各族人民体现出巨大的智慧和创造性。在构造方面做法简洁朴实，墙面，梁架甚为简单。屋顶的做法随气候条件和地方材料的不同而不同，主要材料都是以泥土为主，所采用的地方，多是积累民间固有的经验。特别是对于地方材料的运用确能吸取传统的、民间的经验，在住宅中充分、恰当地表现出来。从经济价值来说这种房屋很实用，不但花钱少而且解决实际问题。除了自然条件和经济条件以外，民族的生活习惯也对建筑形式有一定的影响。比较有代表性的就是西部平原碱土平房和东部山区的木刻楞住宅。

碱土平房分布在吉林省西部广大地区，其中除少数熟地外绝大部分是未经开发的生荒地，每年都长出很厚的荒草，在荒草和熟地当中有片片相连的碱地，当地人把这些碱土地叫作"碱巴拉"。这种碱地不生长任何植物。这块碱土地带很广阔，并与辽西碱地、黑龙江西部碱地相连构成东北西部的碱土平原，长达千余里，原来这些地方人烟稀少绝大部分为游牧地区。碱土为青黄色，比较细腻没有黏性，因为碱土本身颗粒细腻而不吸收水分，从建筑上来说是一种可用的材料。每年春季解冻、春旱季节，各户人家即取碱土用于建造房屋。当地造房，无论墙面和屋顶都用碱土抹面，这些房子遂称为"碱土平房"。碱土平房是充分地利用地方材料的建筑。该地区风大，又缺乏木材，碱土平房具有取材经济、构造简单、适合居用的特点。

所谓"木刻楞"即用原木凿刻垒垛造屋，也称"霸王圈"，寓意非常坚固。是东部山区有着丰富森林资源地区、就地取材的典型代表。通过"井干式"的简易构造，"墙垣篱壁率皆以木"形成木瓦、木墙、木烟囱的居住空间。不琢、不锯、不钉，只是略施斧砍，锛削，墙隙填黄泥，古朴天成。

乡村草房为防被风刮走草房顶，在屋脊部纵横方向压以木杆，做成交叉式或马鞍式，这种用法也是满族建筑所特有的。朝鲜族草顶房草顶有两种做法。一种是苫稻草式，将草根向外，短头露出直至屋顶，以草辫结束。草的厚度很大，一般为30~50厘米，再用草绳编织成方格网将全部屋顶包住，以免被大风将草吹起，并于屋檐端部和脊部以木杆压之，使其稳固。另一种是盖草帘子式，将稻草编成层层相压的草帘子，将整个屋顶盖满，帘子底下仍然铺很厚的草。这两种草顶的做法都用稻草过多，表面看来很厚，不如汉族农民住宅草顶房表面平整。

四、风格各异的民族特色

以满族民居建筑为例，由于受"以西为尊，以南为大"传统观念的影响，逐渐形成了崇尚西屋的文化性格，所以在建房筑屋时受"以西为贵，以近水为吉，依山为富"的习俗影响至深。

吉林市与乌拉镇的满族民间居住建筑各自不同，各有独特的风格。吉林市满族房屋建筑为了防火，普遍做砖瓦到顶的硬山顶式，墙面除前檐部的装修外，不露一根木材，房屋普遍建筑前廊或木板雨搭。乌拉镇的房屋则不如吉林市的体型高大，普遍做挑山式房顶，并在山头钉木博风板，屋前设有前廊和木板雨搭，是轻巧玲珑型的。大门的形式采用光棍大门（即衡门）、木板大门和四脚落地大门三种，院子中庭设立神杆，再以木板障子，木板影壁陪衬，格调统一，别具风趣，这主要是因为满族人善于使用木材的特征。另外满族房屋构造规整大方，建筑的艺术装饰很为细致，又因为借间而影响到风门，普遍开在东南，呈不对称式，这是满族建筑的又一特点。

汉族住宅建筑和满族住宅建筑的不同之处主要在于汉族住宅建筑都采取对称式，也就是无论平面设计或是单座房屋设计，均采取对称式。在外形上正房高大，厢房稍小，以求主次有别，但在室内布置上则没有区别，除明间外分间相等，屋内间隔简单，不如满族房屋室内布置得复杂。在砌筑土墙时采用石头垫底，以防地湿返潮影响墙壁的坚固性。汉族人在吉林省境内的居住范围最广，遍布各乡各镇，因此根据情况的不同创造出了不同风格的建筑。

东北地区朝鲜族民居以单体房屋为主体，大部分没有院子和围墙。以朝鲜半岛传统的庶民阶层的住宅为基型，分为"田"字形和"一"字形。内部结构亦深受儒家思想的影响，男女、长幼都有严格的规定，一般是父亲使用大客房，儿子使用小客房；婆婆使用大里间，媳妇使用小里间，并且在室内装饰等方面也有显著差别。

现在大部分朝鲜族家庭还保留着坐式生活方式，是迄今为止，我国北方地区唯一保持席坐吃饭和生活的一个民族。因为有进屋脱鞋的习俗，形成了朝鲜族特有的以"鼎厨间"（即厨房）为中心的居住空间，同时厨房和炕连为一体，形成户内公共活动空间。这一点延边地区的朝鲜族民居表现得尤为突出。虽然东北地区部分朝鲜族民居厨房空间的中心性不强，但和汉族、满族相比仍然保持了房间与灶台的开放性，用窗户或拉门把两个空间联系起来，厨房依旧是活动居住的中心。

五、质朴粗犷与精雕细刻并存的装饰特征

吉林省传统建筑的装饰特征可以分为两大类；一个是以规模宏大、建造精美的大量佛寺、道观和官宦大宅为代表，另一类以广大乡村住宅为代表。

清世祖（年号顺治）率军入关后，当时居住在吉林乌拉的满洲部族尽量编旗入伍，入关转战中原，统一中国。后来这批官兵多以战功升至将军都统提督等高级职位，因原居吉林乌拉一带，故退役后仍然回到故乡居住。因此，吉林官宦大宅建筑甚多。同时，由于历代清王朝皇帝的推崇，吉林先后修建大量寺庙、道观建筑，加上清真寺、祠堂、会馆等公共建筑多达百余座。

官宦大宅往往规模大，材料及做工考究。腰花是吉林一带特有的装饰，砖房几乎家家装饰腰花。所谓腰花即在正房山墙山面山坠之下部镶嵌一块方形砖雕，采用如双喜花篮、吉祥富贵等传统图案。与山坠（或叫悬鱼）一道形成较为丰富的山面装饰。大型宅院枋柱连接处还有透雕燕尾装饰。普通房屋使用清水脊，富贵人则用家陡版脊、花脊。脊头有各式图案，麒麟头、云纹头等。腿子墙上部的枕头花及下部的迎风石都是装饰特色。影壁是为保护住宅隐私而在大门前设置的遮挡视线的一堵墙。也分为砖影壁、木板影壁和土影壁。根据经济条件和审美逸趣，影壁装饰砖雕、石雕图案或者砖砌图案，形成各具特色装饰特征。院墙的门楼又可分为砖门楼、瓦门楼、板门楼和光棍大门等，都体现出了吉林鲜明的地域特色。

吉林市的佛寺、道观建筑规模大、等级高，有京师风格及地域特色，民间所谓的"五脊、六兽、四天狗"等装饰构件精致。

对于广大乡村而言，汉族和满族的建筑装饰往往体现简单粗犷的特征。仅在木窗棂和脊饰上有所装饰。而朝鲜族民居虽然装饰特征简洁，但民族特色鲜明。屋顶硕大，屋身低矮，屋顶坡度缓和，中间平行如舟，两头翘立如飞鹤，飘逸、灵动。墙面都粉刷白灰，与灰色歇山瓦顶黑白相衬形成雅致、美观大方的形态。木格栅门（窗）线条平直简约，没

有汉族和满族复杂的构图和寓意，内糊白色高丽纸，装饰特征简洁明快。

第五节　吉林省近代以来的城市发展

一、行政建制沿革

吉林省从清初至清末，及至民国、"伪满洲国"以及新中国建国初期，行政区划有着较大的变化（图1-5-1～图1-5-5）。吉林是满语吉林乌拉的略称，即沿江的意思，因省会原设于吉林市而得名。吉林自古是个多氏族、部落和部族活动地区。除汉族以外，原住民族有两大族系：一为肃慎族系，其后为挹娄、勿吉、靺鞨、女真、满族，主要居于

东部；源自肃慎的扶余族及其分支高句丽，扶余居西北部，高句丽居南部；二为东胡族系，有乌桓、鲜卑、契丹、室韦、蒙古等族，主要居于西部地区。战国和秦代时，东北设辽西、辽东等郡，吉林为西郡的塞外之地。汉武帝时在今通化、浑江、集安一带设玄菟郡，珲春一带设苍海郡。唐统一东北以后设府、州行政区，前郭、长岭以东为渤海都督府，

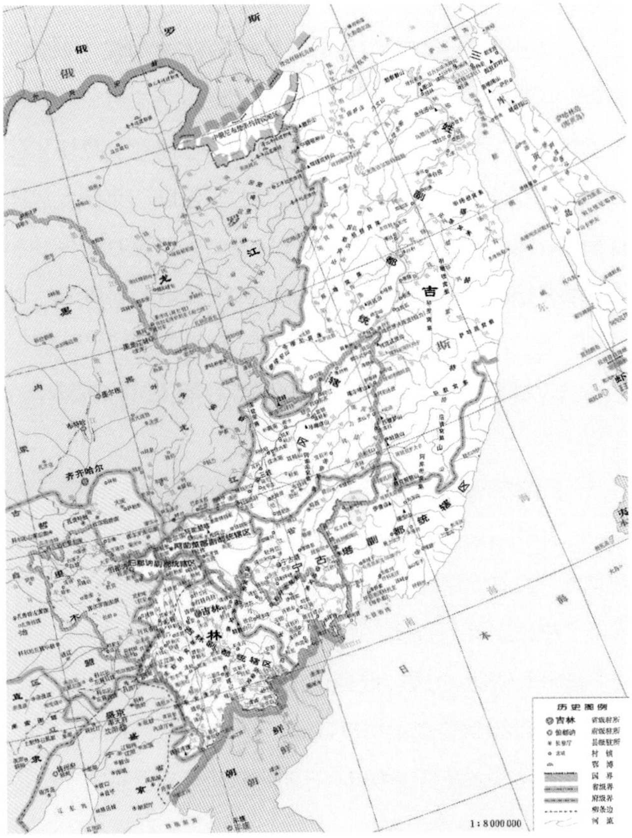

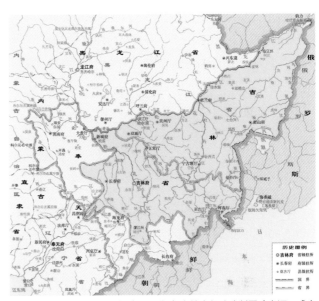

图1-5-2　清光绪三十四年（1908年）吉林省行政建制图（来源：《吉林省地图集》审图号：吉S（2009）168号）

图1-5-3　中华民国4年（1915年）吉林省行政建制图（来源：《吉林省地图集》审图号：吉S（2009）168号）

图1-5-1　清嘉庆二十五年（1820年）吉林省行政建制图（来源：《吉林省地图集》审图号：吉S（2009）168号）

以北为室韦都督府，以西为松莫都督府，南部为安东都护府。唐代中期，在吉林东、中部地区设京、府、州。辽代

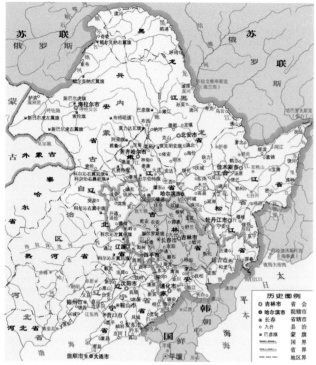

图1-5-4　中华民国（东北九省）34年（1945年9月）吉林省行政建制图（来源：《吉林省地图集》审图号：吉S（2009）168号）

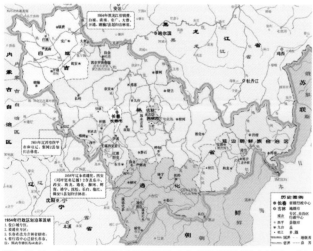

图1-5-5　中华人民共和国（1954年）吉林省行政建制图（来源：《吉林省地图集》审图号：吉S（2009）168号）

时，吉林的东部属东京道、西部属上京道。金代时，吉林的中、东部属上京路；四平属咸平路；白城西部属临潢府路；通化、集安、浑江等地属东京路。元代时，吉林农安以东为开元路，珲春一带设奚关总管府，延吉一带设南京万户府，磐石一带设斡磐千护所，农安设开元千户所；农安以西属中书省泰宁路；南部通化、浑江市各县属辽阳路东宁府。明灭元后，在东北南部设辽东都指挥使司。1409年增设奴尔干都指挥使司，管理黑龙江、乌苏里江流域广大地区，下设卫、所，吉林境内有70余卫。清设将军辖区，所辖区域为：东到日本海，南至图们江、鸭绿江，北临鄂霍次克海，西接黑龙江、通辽市。

吉林于康熙十二年（1673年）建城，称为吉林乌拉。光绪年间，逐步增设吉林府等。清初，自1676年宁古塔将军移驻吉林，为吉林省建制之始。其所辖范围包括现今省境中东部、黑龙江省东南部，及乌苏里江以东、黑龙江以北广大地区。

光绪三十三年（1907年）五月吉林省正式建制，省会设在吉林，辖区跨今吉、黑两省大部分地区，下设吉长、滨江（哈尔滨）、依兰（三姓）、延吉四道，一直延续到中华民国时期。"伪满洲国"将东北三省划为19省。1945年日本投降后，国民政府将其合并为10省。新中国成立后至今基本保持现有的行政区划。1954年省会由吉林市迁至长春市。

二、吉林省近代以来的城市的发展与城市特色

（一）吉林省城市发展历史沿革

"明代以前的东北城市多数是少数民族政权兴建的，这些城市往往是随某一政权建立而出现，又随某一政权衰亡而毁弃，旋生旋灭，没有几个城市能够保存、延续到近代"[①]

清朝定都北京后，把整个东北作为一个行政区划，即陪都盛京行政区。由于地域辽阔，难于掌控，1653年将镇守宁古塔（今黑龙江省海林市）的副都统职官升格为宁古塔

---

① 曲晓范. 近代东北城市的历史变迁［M］. 长春：东北师范大学出版社，2001：3.

将军，与盛京将军并列。清廷为了维护"祖宗肇迹兴王之所"、"龙兴重地"于崇德三年（1638年）至康熙二十年（1681年）以建壕修台、种植柳树为界限的方式在东北设立了生态禁区，禁止汉人越界采参、打猎和放牧。清代学人杨宾的《柳边纪略》载："今辽东皆插柳为边，高者三四尺，低者一二尺，若中土之竹篱；而掘壕于其外，人呼为柳条边"。柳条边有老边、新边之别。老边又称盛京边墙，建于辽河流域，南起凤凰城（今辽宁凤城）西南，北到开原附近的威远堡，再折而转向西南，直到山海关与长城相接，长约1950余华里。是顺治初年到十八年（1661年）完成的。吉林地区的柳条边修筑时间稍晚，故称新边，是从威远堡向东北方向修到法特哈（今吉林市北法特）。边门近旁逐渐出现了商业市镇（图1-5-6）。

1676年，宁古塔将军移驻吉林乌拉城；乾隆二十二年（1757年）改称吉林将军。所辖范围南部在今靖宇县西经磐石、伊通、长春、长岭、大赉一线；西北自下游与第二松花江交汇处往东入黑龙江处的松花江干流右岸至日本海；北由黑龙江口、库页岛往南，沿日本海边缘直至长白山主峰附近

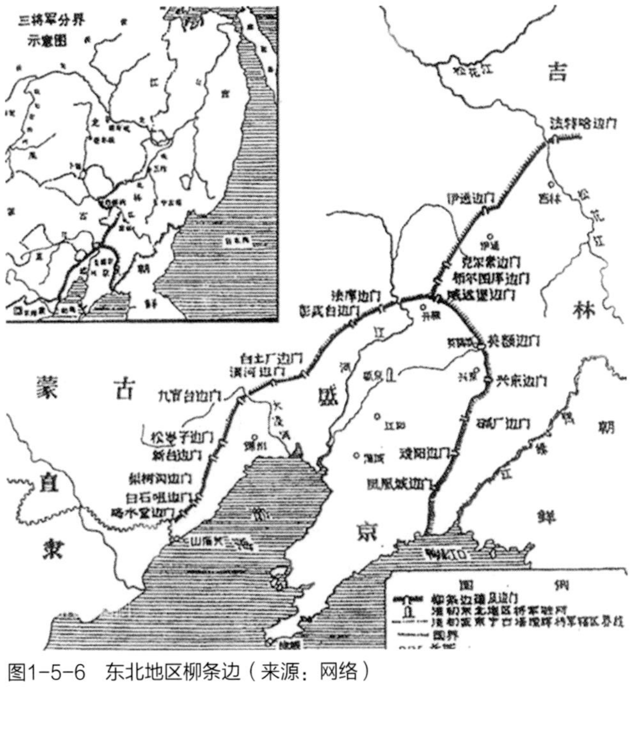

的抚松，面积约100万平方公里。1860年《北京条约》签署后，黑龙江以北，乌苏里江以东大片领土割让给俄国。

进入清代以后，由于清政府的封禁政策，吉林省城市发展缓慢，城市的数量和规模都极其有限。第二次鸦片战争后，1861年营口开埠。外国商品的不断涌入和民族工业的兴起带动了近代城市的发展。到20世纪初，吉林省城（今吉林市）已经成为东北最大的木材、烟草、粮食集散地（图1-5-7、图1-5-8）。长春也成为东北中部交通枢纽、粮食转运中心。成为仅次于奉天、吉林的东北第三大城市。

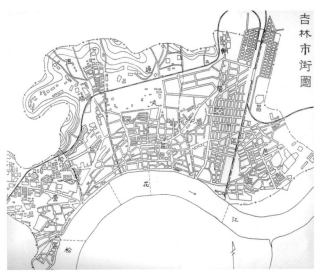

图1-5-7 吉林市建城初期城市形态（来源：《吉林省当代建筑概览》）

图1-5-8 吉林市德胜门（来源：房友良 提供）

图1-5-6 东北地区柳条边（来源：网络）

"如果说，1880年代由辽河航运引发的长春及吉林西南部地区商业市镇群的建立是近代吉林城市化的起点，那么中东铁路建设揭开的吉林工业化城市群的产生则可以视为吉林城市近代化兴起的标志，而满铁附属地城区的近代化建设和随后出现的吉林地方政府领导的吉林城市化运动以及1905年后中东铁路沿线城市近代化建设当属于吉林城市近代化和省域城市化的第一个历史高潮。"①

1895年中日甲午战争大清帝国惨败，被迫签订《马关条约》。清政府割让澎湖、台湾和辽东半岛。沙皇俄国打着帮助清政府维护主权的幌子，联合德国、法国迫使日本暂时放弃割让辽东半岛。乘机诱使清政府与之签订《中俄密约》，获得在东北修建铁路的特权。中东铁路1898年开始建设，1903年全线（包括南满支线）通车。中东铁路是资本主义列强掠夺、侵略中国的产物。同时也带来了人口和资源的流动。尤其是铁路附属地的殖民化和城市化建设，在客观上也带动了沿线城市的迅速发展。出现了规划建设的道路、公园、自来水厂、街灯以及住宅、商店、教堂、办公等各种类型的近代民用建筑和工业建筑。在吉林省境内，铁路沿线除了长春以外，还出现了窑门（今德惠市）、公主岭、四平等城市。中东铁路附属地带来的这种现代化的城市格局，使传统的、大多由单层建筑构成、清灰一片的内陆城市形象得以改变。1905年为了瓜分和争夺东北而爆发的日俄战争结束，沙皇俄国战败，被迫与日本签订了《朴次茅斯和约》，将长春至旅顺口之间的铁路及其附属设施转让与日本。从而形成了沙俄和日本共同控制中国东北的局面，长春成为南北满铁路的交会点。为此日本帝国主义于1906年成立南满铁道株式会社。长春满铁附属地于1907年开始建设（图1-5-9、图1-5-10）。由满铁长春经理边田敏行、土木课长加藤与之吉、建设事务所所长鹤见镇主持相关规划与设计。也是长春的土地上第一次把近代城市规划理论运用到城市规划与建设中。在方格网规划的基础上，以新建火车站广场为中心向东西两侧建设放射状斜向道路。并在方格网两个区域中心形成

图1-5-9　中东铁路（来源：网络）

交叉点，并以此建立两个圆形广场，这种手法借鉴了19世纪巴黎改建规划。"田园城市理论"在附属地规划中也得到了尝试，把大型绿地纳入市区规划范畴。电力设施和煤气管道等当时先进的市政配套工程也在附属地中实施。满铁附属地各类新式建筑进一步改变了东北城市低矮的传统建筑轮廓，并在已有的俄式风格基础上，添加了西式建筑和日本折中主义建筑风格，形成了多重城市景观。

张作霖、张学良父子主政东北期间，为了阻止列强的进一步扩张，维护自身利益，东北地区连续建设了多条铁路，对于开发地方资源，促进城市建设都起到了积极的推动作用。吉林省境内先后建设了吉长铁路（吉林至长春）、吉海铁路（吉林至海龙）等线路。东西方向城市群使沿线的许多村镇渐次走向城市化和近代化。

①　曲晓范. 近代东北城市的历史变迁［M］. 长春：东北师范大学出版社，2001：135.

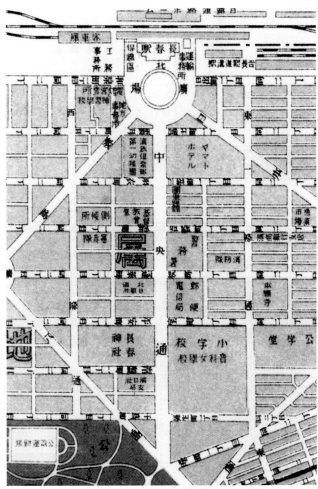

图1-5-10 满铁附属地中央通（来源：《长春街路图志》）

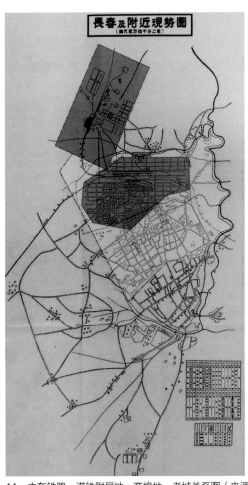

图1-5-11 中东铁路、满铁附属地、商埠地、老城关系图（来源：《幸福都市》2018年2月）

　　清末民初国际资本、国家资本、民营资本开始交叉竞争，东北开始进入近代相对繁荣时期。1905年东北地方当局开始推行"新政"，其中一项持续时间最长的重要活动就是进行城市自开商埠地的建设，即所谓的"自行开埠通商"。"商埠地一般都选择于铁路附属地与老城区之间的隔离带，通过商埠地的建设，使城市建成区之间的乡村地带转入城市化，分割的城市因此得到整合"，极大地促进了东北城市化的进程（图1-5-11）。各地商埠局参照附属地经验确定标准，规划楼房建设和商埠地土地使用。清政府在东北共确定了16个开埠城市，吉林省境内有吉林和长春两个城市。两

市分别成立开埠局，加强城市管理，开展城市开发和建设。长春在1908年城市建成区面积13平方公里（中东铁路附属地4平方公里、南满铁路附属地4平方公里、老城区5平方公里）。通过商埠地开发和老城扩建，到1930年城市建成区面积已达到21平方公里。"这一时期，东北城市化发展呈现如下总体特点：城市化与城市近代化平行、交错演进，东北地方政府、铁路附属地当局共同充当了推动城市化的历史进步工具。其中，东北地方当局领导的城市化活动体现了区域城市化和城市近代化的基本方向，而日本、俄罗斯在铁路附属地内开展的城市化和近代化则更多地表现为殖民化。"[1]

① 曲晓范. 近代东北城市的历史变迁［M］. 长春：东北师范大学出版社，2001：70.

1931年日本帝国主义发动九一八事变，全面占领东北全境。1932年成立"伪满洲国"。东北彻底沦为日本的殖民地。1934年，日本改"满洲国"为"满洲帝国"，改"执政"为"皇帝"，改年号"大同"为"康德"。1945年8月15日，日本宣布无条件投降，8月18日，溥仪在通化宣布退位，"伪满洲国"灭亡。"伪满洲国"成立之初，为了强化殖民统治，欺骗世界舆论，进行经济掠夺，日本侵略者开始对东北地区进行新的全面规划和建设。长春作为"伪满洲国"首都"新京"最先开始了规划建设（图1-5-12）。"新京"的城市规划由日本城市规划专家设计，以满铁附属地的建设为基础，参考了19世纪巴黎改造规划、霍华德的"田园城市"理论，以及20世纪20年代美国的城市规划设计理论，城市空间格局接近澳大利亚首都堪培拉。同时也部分结合了中国帝都规划传统。在规划中，城市布局采取同心圆内向结构，以大同广场（今人民广场）为中心，纵向以大同

大街（今人民大街）、横向以兴仁大路（今解放大路）为轴线，组成一个比较完整的新市区。至1944年，市区人口达到55万。完成煤气管道250公里，给水管道365公里，排水管道521公里，建设主干道10条，次干道73条，圆广场10处，市内公共汽车线路45条，公园10处，新建建筑面积774.5万平方米，对外铁路5条，长途汽车线路7条，航空线路6条，建成公园面积占全市总面积的7%（当时东京2.8%，柏林2%，伦敦9%，华盛顿14%）。长春成为当时亚洲最先进的城市。同一时期吉林省内的其他城市如吉林、四平、前郭、敦化、延吉等城市的建设都得到快速发展。

1948年东北解放。在1953～1957年的"一五"计划时期，在重点建设东北工业基地的方针指导下，吉林省是国家工业建设的重点地区。在全国156个重点建设项目中，吉林省11项。5年间，全省工业基本建设投资17.6亿元。长春第一汽车制造厂、吉林化肥厂、丰满发电厂等一批国家的骨干企业新建、扩建并投产，使吉林省工业跨越到了一个新水平。应该指出的是，新中国成立后我国实行计划经济体系，土地均为政府划拨。这些大型项目的上马对城市空间的拓展，城市功能的转变，城市建设的提升都起到了巨大的推动作用。以长春第一汽车制造厂为例（图1-5-13），厂址设在吉林省长春市西北郊。基本建设竣工面积75万平方米，工业建筑41.1万平方米，宿舍39.9万平方米，铺设了30多公里长的铁路和8万多米长的管道，制造了上万套工艺装备。新建厂区与市区互相依托，短短5年时间成为城市新区。同时由于一大批大专院校和科研机构落户长春，城市由单纯的消费型城市转变为现代综合型工业城市。吉林市江北化工区的"三大化"全国知名。这是我国的第一个化工基地，是"一五"期间苏联援建的156项工程的一部分。所说的"三大化"，即是：吉林染料厂，吉林化肥厂和吉林电石厂（图1-5-14～图1-5-16）。由苏联氮肥工业设计院和苯胺染料工业设计院设计。于1954年10月开工，1957年投产。占地面积为24平方公里。有自己的铁路专用线97.03公里。有较完整的供水系统和供电系统。同时厂区配套设施极为齐备。包括职工住宅500余栋，医院、文化宫、科技宫、图书馆、

图1-5-12　"伪满洲国"新京规划图（来源：《长春近代建筑》）

图1-5-13　汽车厂区图（来源：房友良）

图1-5-14　吉林染料厂（来源：吉化公司档案馆 提供）

图1-5-15　吉林染料厂大门（来源：吉化公司档案馆 提供）

图1-5-16　吉林化肥厂（来源：吉化公司档案馆 提供）

学校等，成为当时大型国有企业"办社会"普遍的城市格局。在苏联模式计划经济体系下，吉林省作为国家重工业建设基地，先后上马了机械制造、煤炭化工、电力造纸等工业项目，工矿企业"大而全"的建设模式，如"工人新村"等新的居住形态都对城市格局产生了深远影响。

"一五"至"二五"期间，除长春、吉林以外，四平、辽源、延吉、松原、白城、通化、浑江（白山）等城市的城市化水平也有了较大发展。

（二）城市文化与城市特色

以自然山水和历史文化著称的吉林市和以近代城市规划为特色的长春市无疑是吉林省最具代表性的两个城市。

1. 吉林市城市文化与特色

吉林市是随着封建经济的发展利用自然地势而形成的，没有规范严整的规划。街道布局随松花江弯曲自然形成。吉林市作为中国历史文化名城，公元14至19世纪，吉林市是东北地区重要的政治、经济、军事中心。在清末、民国及新中国成立初期，吉林市是吉林省省会城市。在市区有1742年修建的东北最大的孔庙——吉林文庙；有佛、道、儒三教杂糅的北山古庙群；有明代留下的阿什哈达摩崖石刻；这里出土了距今2万年的人类居住遗址——寿山仙人洞，属旧石器时代晚期文化。殷周时代，这里已有氏族部落，即满族的祖先

"肃慎人"。西汉时期,这里是夫余国前期首都,称夫余前期王城,是当时东北最先进的城市。该王国归玄菟郡管辖,后属辽东郡。据考其前期王城就在"秽城",即今吉林市东团山麓"南城子",直到东晋永和二年(346年),该城被鲜卑慕容皝派军攻占之后,扶余王室才"西徙近燕"。东晋义熙六年(410年),高句丽王国第十九代王广开土王谈德即好太王,其势力扩展到今吉林一带。为抵御勿吉王国的南下,在今吉林市龙潭山、东团山和三道岭子修建了规模大小不等的军事城堡。高句丽灭亡后,勿吉王国七部之一的粟末靺鞨部首领大祚荣,于武则天圣历元年(698年)在敦化、宁安建立渤海国(初称震国),到大湮撰时(926年)被契丹国所灭,共历229年。今吉林市为渤海国三个独奏州(即中央直辖州)之一的涑州所辖,该州治所沿用了今吉林市东团山麓"南城子"。辽灭渤海国后,今吉林市一带为辽的东京道所辖。金灭辽后,吉林初属金之咸平路,后改属上京路会宁府。至今,在吉林市地区尚有辽代修建、金代沿用的规模不等的古城堡30余座,如今吉林市区就有江北土城子,江南官地等辽金古城。

元朝,今吉林地区属辽阳行省开元路海西辽东道辖地。

明朝,这里是海西女真四部之一的乌拉部所在,成为"乌拉国"。1409年,明朝政府在吉林市设置造船基地,来加强辽东都司与奴尔干都司之间的联系,负责建造运载官兵、粮草赏赐品和贡品的船只,同时也把这里作为运输官兵、粮草的转运站。

清朝在东北地区实行军府制,吉林市为吉林将军驻地。

清朝,统治者把沈阳看成清朝的发祥重地,为了防止满族汉化,保护当地土特产品,施行了严格的封禁政策,于顺治、康熙年间先后修建两条柳条边墙(壕),吉林位于老边外,新边内,故称边外。

1658年,为抗击沙俄入侵并加强对东北地区的控制,清廷谕令宁古塔将军沙尔虎达在今吉林松花江畔临江门至温德河口一带恢复船厂造船,操练八旗水师。1661年,在此正式建立水师营,驻防旗兵近2000人。1671年,宁古塔副都统安珠瑚奉命率领满洲八旗军队三千多人在此进行了两年施工,于1673年建成了吉林木城(后改土城和砖城)。1676年,宁古塔将军(后更名为"吉林将军")巴海奉旨移驻吉林城。

吉林市是中国北方著名山水城市。由于山水环抱,使吉林市形成"四面青山三面水,一城山色半城江"的天然美景(图1-5-17)。因康熙皇帝东巡所作《松花江放船歌》有"连樯接舰屯江城"之句,故吉林市又有"江城"之称。松花江呈倒"S"形穿城而过。城东有"左青龙"——龙潭山如青龙迤逦而卧;城西有"右白虎"——清朝皇帝望祭长白山的小白山似猛虎盘踞;城南有"前朱雀"——风景如画的朱雀山钟灵毓秀;城北有"后玄武"——遐迩驰名的北山、玄天岭、桃源山古庙掩映。

据说乾隆皇帝在乾隆十九年(1754年)东狩吉林时,于吉林西郊停马,有人向乾隆报告了上边的十二个字,引得乾隆哈哈大笑,于是就有了今天吉林市西郊欢喜岭的名称。也正是有了这一说法,皇帝才寻风水先生破解之道(防止再生龙相),风水先生考查后做出断此地龙脉的破解之法,在北山中间开挖山体,从中撅开,贯通整个山体,此沟(现修为北山公园道路)至今无人敢复原。

由于吉林市系清朝的主要发祥地,更兼清初几代皇帝

图1-5-17 吉林市城区鸟瞰(来源:孟子良 提供)

对佛道教的尊崇，有清一代的二百余年间，仅吉林市就修建起四十余座（民国与"伪满"期间仅建七座）大型寺院与道观以及其他各类庙宇。不仅数量多、规模大，且风格各异，颇具特色。一半以上的庙宇都是康熙至乾隆时期所建，尤其以康熙时期建设数量最多。同时，宗教建筑门类齐全，共有寺、庙、堂、阁、庵、院、宫、观等八个种类。[1]据史志记载，吉林市老城内曾有各种寺庙、清真寺、祠堂、会馆等百余座（图1-5-18）。清代才子王尔烈到吉林曾作诗"不到此城来，不知此城美；此城庙宇多，依山又傍水"。1929年于右任视察吉林，也曾将吉林市誉为"寺观之城"。而今吉林市仅存少量庙宇，主要集中在吉林北山寺庙群（图1-5-19）。吉林北山寺庙群是吉林省唯一一处清代寺庙群建筑，

对于研究东北的宗教文化、建筑艺术以及民风民俗等方面有着极其重要的价值。吉林北山庙宇群中儒、释、道三教杂糅，民间诸神同堂供奉的情况，在全国其他地区比较少见，体现了浓郁的地方文化特色。[2]

由于悠久的历史和文化，吉林市成为全国著名旅游城市。1994年被国务院命名为国家历史文化名城。

2. 长春市城市文化与特色

长春市作为亚洲遽然崛起的近代城市，因铁路而繁荣，因作为"伪满洲国"政治中心而发展，作为实质上的日本帝国主义殖民地，为了蒙蔽世界人民，开展了频繁的建筑活动，其先进的城市规划理念，完善的市政配套设施，使其成

图1-5-18　龙潭山龙凤寺（来源：尹作明 摄）

① 刘刚，王悌. 吉林市寺院道观建筑的布局及特色 [J]. 社会科学战线，1990（03）.
② 申文勇，陈洁，杨俊峰. 历史建筑的文化价值及保护问题研究——以吉林市的历史建筑为视角 [J]. 北华大学学报，2017，18（4）.

为当时亚洲最先进的城市。其畸形发展的历史过程与国内其他帝国主义租界城市的建设相比有着独一无二的特殊性。其建筑的文化与现今展现的警示性文化具有鲜明的特色。

长春地处欧亚大陆东岸的中国东北平原腹地松辽平原，是东北地区天然地理中心。1951年，长春地区的榆树市发现人骨化石证明，早在远古时代，这片土地上的人类已进入了智人阶段，属母系氏族社会初期。1984年，农安县发现一处新石器时代人类的居住遗址，表明远在新石器时代，这里的人们就已经掌握了原始的纺织技术，进入着装时代，原始农业也已经很发达。

"商周时期，长春为秽貊、扶余等族的居住地；秦汉时期，扶余族崛起，建扶余国，后期王城设在农安一带；扶余国灭亡后，高句丽于此设扶余城；唐代，地方民族政权渤海国建立后，在此设扶余府；辽代设黄龙府；金代称隆安府；元代设开元路；明初为奴儿干都司所辖；清初期，属蒙古郭尔罗斯前旗所辖，后成为蒙古族游牧地；柳条边修成后，长春处在伊通边门外。乾隆末期，闯关东的流民，越过柳条边墙，进入蒙古王公封地垦荒。嘉庆五年（1800年）七月八日，清政府为了管理来自关内的垦荒流民，在郭尔罗斯前旗境内，借地设置长春厅，这是长春市正式诞生的标志。道光五年（1825年），长春治所北迁至宽城子后，宽城子迅速成为垦区的行政中心。同治四年（1865年），宽城子商民捐资，筑起城墙（图1-5-20）。光绪十五年（1889年），清廷诏准长春厅改为长春府，隶属吉林将军。1913年长春府正式改名为长春县，已形成5.82平方公里的街区。"

1896年沙俄侵入东北，攫取中东铁路筑路权，1898年，俄国在长春旧城外，修建了中东铁路宽城子车站，形成了5.53平方公里的中东铁路用地，成为长春第一块经过规划后建设的近代化街区。1906年日俄战争结束，在长春的沙俄权益为日本所取代，成为南北满铁路的交会点。1907年，继俄国的中东铁路用地之后，日本在长春设立了满铁附属地，面积5.05平方公里，满铁附属地的规划对长春的城市发展产生了巨大的影响。

光绪三十三年（1907年）东北各地区由军府制改为行省制，长春府隶属于吉林省。据《长春县志》记载：长春厅"设治地点，原在长春堡较东偏数里，命名由此起。而建治之处，土人更名之日，新立城云。"因厅设于长春堡附近，故名长春。然而长春堡之名的由来据1982年《长春地名》资料记载，长春堡是由新迁居此地的汉族人命名的，取吉祥之意。还有一种观点认为，长春堡是沿用辽金时代长春州的旧名，因为此地原属于长春州辖境。《吉林地志》（民国2年版）和《增订吉林地理纪要》（民国20年版）均认为长春一名源于长春厅，而长春厅是沿袭了辽金时期的长春州而得名。

1907年长春奉命开埠，仅限于旧城区与满铁附属地之间，占地5.39平方公里，长春的民族工商业迅速兴起。中东铁路附属地、南满满铁附属地、长春商埠地和长春旧城，这四个区域互相补充形成了一个整体，构成近代长春的城市雏形。

图1-5-19　吉林北山寺庙群（来源：孙岳 摄）

图1-5-20　长春东门（来源：房友良 提供）

　　1932年"伪满洲国"成立，长春被定为"国都"，改称"新京"，成为东北地区的政治、经济、军事和文化中心。"伪满国都建设局"承担国都"新京"城市规划的制定与实施。

　　长春的城市规划不仅在中国乃至当时的亚洲都具有鲜明特色和较高水准。在"伪满洲国""新京"规划中，设计师从塑造城市生态环境、营造通透的城市空间等出发，对"田园城市"的规划方案进行形式上的模仿。在用地布局上，充分利用了长春起伏的地形地貌，在低洼处进行水系和绿化用地布局，市区实行污水和雨水分流排放，污水排入伊通河，雨水贮存于人工湖，形成公园湖泊（图1-5-21）。公园绿地利用自然低洼地、沟壑来截留雨水，建设带状亲水公园，与大型公园绿地形成完整的绿地体系。在起伏区进行其他用地布局，形成绿化空间与居住空间交错相接；在新建设区域中，可以明显地看出4条明显的绿带，将市内的低洼地形成的水池与伊通河相连，其中北侧的两条绿带同时还肩负着对"帝宫"内的园林、河道供水的责任。

　　在道路网架的布局上，以广场为核心，散发出多条林荫大道。城市美化运动最早起源于19世纪欧洲城市中的林荫道建设，其目的是通过创造一种城市物质空间的形象和秩序，来创造或改进社会秩序，恢复城市中由于工业化而失去的视觉的美和生活的和谐。朗方的华盛顿规划及奥斯曼的巴黎规划均为城市美化运动的理念提供了原型。城市美化运动"强调规则、几何、古典和唯美主义"，而尤其强调把这种城市的规整化和形象设计作为改善城市物质环境和提高社会秩序及道德水平的主要途径，它对城市景观、园林规划和城市绿地规划产生重要的影响。思想主要体现在"新京"规划的路网骨架以及景观大道的规划设计上。"新京"市区的街道体系大体上以原满铁车站为中心，形成放射状并为之配置巨大的环状道路网。在景观设计方面，以主干两侧的绿化带建设及公共设施布局为主，形成了"圆广场、四排树、大马路、

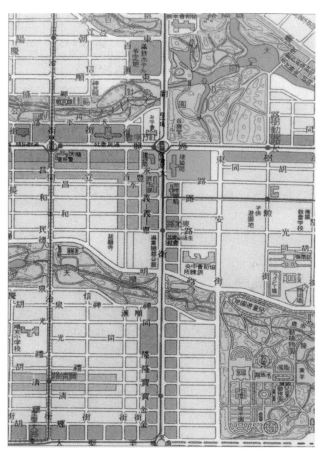

图1-5-21　"新京"规划的水系和绿地（来源：《长春街路图志》）

小别墅"的城市特色景观，另外，在"新京"规划中，通过放射形道路形成多条气势恢宏的城市轴线。"新京"规划以主次干道为边界；在城区内布局了诸多"邻里单位"，如日本规划师秀岛乾按照邻里单位的原则设计出顺天住区，成为"新京"建设后期人们关注的焦点。新京"邻里单位"规模定为1平方公里，1200户6000人1所小学校，各邻里单位与公交车站、地铁车站联系方便，规划最长步行距离约为20分钟，小区内公建服务半径徒步距离约为7～10分钟。纵观近现代城市规划思想理念的演变，从田园城市到综合规划思考，再到芒福德的人本主义城市观、区域观和规划观思考，都深深地体现人本主义思想轨迹。[1]

① 戚勇：近代长春市城市规划理念与启示，长春市城乡规划设计研究院三十周年院庆论文集，2010。

"伪满洲国时期的建筑文化，经历了日本对建筑样式的改变、建筑工艺的改革、建筑结构和功能的健全以及建筑材料的更新之后，不断发生着变化。近代建筑样式的引入，使东北地区较早地进入了近代化的建筑，近代城市的规划和建设，使东北的主要城市呈现出一种近代化的城市样式；新的建筑工艺的使用，不仅缩短了建筑的修建时间，也使建筑更经久耐用，美观大方；建筑的结构和空间更为合理，建筑的功能更为健全，特别是室内卫生间、上下水、浴室的引入，从根本上改变了东北地区传统的建筑结构；新的建筑材料的使用，使新的近代化的建筑变得可能，高楼大厦开始出现，取代了传统的低矮的砖木建构建筑，钢筋、混凝土的使用，在增加了建筑耐久性的同时，也使建筑的样式更为高大、明亮。这些建筑文化的变化，使东北地区的建筑走出了传统，开始走向世界。但与此同时，日本在改造东北建筑文化的同时，将其自身的民族文化、殖民文化强加入其中，日本建筑中的和式建筑外观被广泛地使用到近代东北建筑中，从长春遗留的伪满建筑中我们可以清楚地看到日本帝冠式、和式的外观，为了掩人耳目，日本将日本建筑文化与近代西方建筑文化结合，以和洋式建筑和日本建筑文化与东北建筑文化结合的满洲式建筑来掩盖其渗透日本建筑文化的野心。"[①]

1945年8月15日，东北光复，恢复长春市名。

新中国成立后，经历了1949～1952年经济恢复期，在"一五"、"二五"（1953～1962年）期间，长春市重工业产业快速发展，城市空间急剧扩张，形成了以柴油机、拖拉机制造为主的东部工业区；以机车、客车制造为主的铁北工业区；以汽车制造和纺织为主的西部工业区。形成了国有企业和城市空间协调发展的新型城市特征。国有企业生活区建设形成了这个时期独特街区风貌。

由于具有森林覆盖率较高的生态环境、数量众多的高等学校，同时还是新中国电影的摇篮、汽车的摇篮，长春又被称为"森林之城"、"大学之城"、"电影之城"和"汽车之城"（图1-5-22～图1-5-25）。

图1-5-22　长春市区图（来源：杨显国 摄）

图1-5-23　"伪满"皇宫同德殿（来源：王亮 摄）

图1-5-24　长春净月潭碧松净月塔（来源：王凌寒 提供）

① 刘威：长春近代城市建筑文化研究［D］．长春：吉林大学，2012：120.

长春市是近代城市规划理念在中国大规模实践的重要实例，是新中国汽车、电影等特色工业的摇篮，是功能环境延续良好的工业遗产聚集地，是近代东北亚政治军事冲突完整历史的见证地，并完整体现在城市格局中且延续至今，其遗产特征具有不可替代的重要警示意义。2017长春市被国务院批准为国家历史文化名城。

图1-5-25 长春雕塑公园（来源：宋春华 摄）

上篇：吉林传统建筑文化特征与解析

第二章　吉林省东部地区传统建筑解析

　　吉林省东部地区以山地为主，森林资源丰富，历史悠久，遗存丰富，曾经是东北亚人类活动的中心。长白山文化影响辐射大半东北，是高句丽、渤海等少数民族政权的重要统治区域。传统建筑类型较为丰富，按现存状况主要有以下几种类型：1. 城址类，以高句丽时期的山城和平原城，渤海时期的城址为主；2. 墓葬类，以高句丽时期积石墓和封土墓为主；3. 建筑类，以渤海时期的宗教建筑、明清的府邸衙署及军事设施，木刻楞形式的民居和朝鲜族民居为主。

　　根据吉林省现行行政区划，吉林省东部包括以下三个区域：1. 通化地区（通化、柳河、集安、梅河口、辉南）；2. 白山地区（白山、临江、靖宇、抚松、长白）；3. 延边地区（延吉、图们、敦化、安图、珲春、龙井、汪清、和龙）（图2-1-1）。

图2-1-1　吉林省东部地区区位示意图（来源：自绘）

第一节　概述

一、自然环境

　　吉林省东部地区地貌以山地为主，平均海拔在800～1100米之间，是全省最高的地区。其中，长白山白云峰是全省最高点，海拔2691米。东部地区板块由数列东北至西南走向的山脉组成，山脉之间常有宽谷盆地，东端的原始森林翁郁苍翠，地下有丰富的宝藏。东部山地分为长白山中山、低山区和低山丘陵区，长白低山丘陵区，西以大黑山西麓为界，东至蛟河-辉发河谷地，多为海拔500米以下的缓坡宽谷的丘陵组成，沿河一带有成串的小盆地群，如珲春盆地、延吉盆地、松江盆地等，平均海拔一般在200～500米。全省最低点位于珲春南端的图们江口附近，临近日本海，海拔在4千米以下。长白山脉是鸭绿江、松花江和图们江的发源地。是中国满族的发祥地和满族文化圣山。长白山脉的"长白"二字还有一个美好的寓意，即为长相守，到白头，代表着人们对忠贞与美满爱情的向往与歌颂。东部长白山地区河流众多，河网密集，水量丰富，是吉林省河网密度最大的区域，水能资源98%分布在东部山区。松花江、图们江、鸭绿江水系发源于长白山天池周围的火山椎体，呈辐射状流至山下，长白山素有"三江之源"的美誉。

　　东部自然资源丰富，长白山脉连绵千里，森林茂密，有大片的原始森林分布，森林覆盖率达65%以上，素有"长白林海"之称，该地区木材丰厚，是我国最大的天然林区（图2-1-2）。同时倚靠长白山的东部地区具有丰富的野生动植物资源，特别是延边地区因靠近长白山脉，各类山野产品丰富，如木耳、山野菜等。此外，东部黑色金属、有色金属、贵重金属、非金属和能源矿产分布较广，具有良好的矿产资源，特别是通化地区。黑色金属、化工建材非金属和能源矿产储量丰富，长白山地区拥有全国最大最好的矿泉水资源，是世界三大优质矿泉水源地之一。

图2-1-2　集安风光（来源：郭锐 摄）

　　长白山主峰属于受季风影响的温带大陆性山地气候，除具有一般山地气候的特点外，还有明显的垂直气候变化。总的特点是：冬季漫长凛冽，夏季短暂温凉，春季风大干燥，秋季多雾凉爽。

二、历史文化

　　《山海经·大荒北经》有这样的记载："东北海之外……大荒之中，有山名曰不咸，有肃慎氏之国"。"不咸"为满语的音译，意为"白色"，不咸山即长白山，北魏时称"太白"；隋唐时称"白山""太白山"，辽金时，用汉语定名为"长白山"，并延续至今。历史上对长白山的不同称谓，反映了中华民族的祖先对长白山的认识，也反映了国家对长白山的领属关系。长白山是满族的发祥地，"不咸"之语出自满族先世，合乎满族及其先世世居此地的历史背景和长白山的独有特征。金朝女真人在东北建立政权，将长白山视为"兴邦之地""旧邦之镇"，先被封王，后被尊称为帝，并建立庙宇[①]。公元前108年，汉武帝在东北与朝鲜半岛设下"汉四郡"：乐浪郡、玄菟郡、真番郡、临屯郡。从长白山到长安，中原文化与长白山文化的关系从未断连。公元698年，靺鞨首领大祚荣在长白山北麓建立震国。公元713年，唐玄宗册封大祚荣为渤海郡王，从此，长白山下的靺鞨部族改叫渤海国（图2-1-3）。初期定都敖东城

---

① http://www.ybrbnews.cn/.

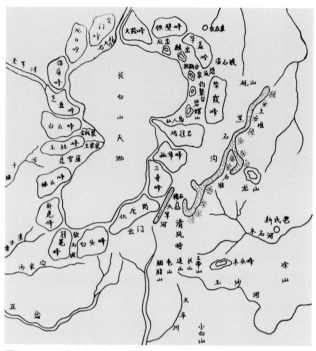

图2-1-3　万山之祖老白山江岗全图（来源：安图县档案馆 提供）

（今敦化市）。吉林东部地区的早期人类形成了以百草沟、中安乡、小营子、金谷、龙兴等遗址为代表的偏重农耕、兼事狩猎的文化类型。该地区古代先民为肃慎族系、秽貊族系。肃慎，又称息慎、稷慎，长期生活在长白山地区，是吉林东部最早的土著居民，汉魏以后，在中国东北历史上活跃一时各领风骚的挹娄、勿吉、靺鞨、女真、满族等都由肃慎演化而来[1]，且先后建立了渤海国、金、东夏、清等政权。秽貊，又称貊、貊貊或藏貊，由秽人和貊人汇合而成，先后建立了夫余、高句丽政权，居于东部的高句丽便发源于秽貊族系。

考古资料证实，东部地区的历史文化起源于旧石器时代晚期。距今约5万至1万年前，吉林东部地区已有诸如"安图人"的古人类分布。距今约1万年至4000年左右，吉林进入新石器时代，此时东部地区该时期典型代表有：珲春市迎花南山遗址、延吉柳庭洞遗存等。公元前2000年左右，吉林进

入青铜器时代，此时东部地区该时期典型代表有：汪清百草沟遗址、汪清金城墓葬、新华闾墓群、金谷遗址、通化万发拨子遗址等[2]。

此后的铁器时代，东部地区先后孕育了四个文明：1. 发源于松花江流域及浑江流域，建国于公元前37年（汉元帝时期），属秽貊族系的高句丽文明；2. 发源于松花江流域，建国于公元698年（唐高宗时期），属肃慎族系的渤海文明；3. 发源于长白山山区及松花江流域，建国于1115年（北宋时期），属肃慎族系的金代文明；4. 发源于长白山山区，建国于1215年，属肃慎族系的东夏文明。

现今，东部地区保存较好的遗址以高句丽时期及渤海国时期的遗址为主。集安市现存有高句丽时期的丸都山城、国内城等城址，高句丽太王陵、将军坟等墓葬遗址。延边和龙市有渤海国时期西古城遗址，延边珲春市有渤海时期八连城遗址。清末随着朝鲜居民的涌入，长白山区也成为朝鲜族人民的聚集地，有许多具有代表性的朝鲜族村屯分布，与满族、回族和汉族等共同构成了吉林东部地区的多民族文化。

第二节　典型传统建筑

一、都城

（一）国内城与丸都山城

国内城是高句丽王朝的第二个都城遗址，也是保留至今最重要的高句丽平原城址。丸都山城是我国地方民族政权高句丽时代最为典型的早、中期山城之一。既是国内城的军事守备城，又曾作为高句丽王都使用，在高句丽历史发展进程中起过重要的作用。国内城与丸都山城相互依附，创建了高句丽复合式王城的新模式（图2-2-1）。

国内城位于集安市市区内，平面略呈长方形，周长约

① 孙乃民等. 吉林通史［M］. 长春：吉林人民出版社，2008.
② 孙乃民等. 吉林通史［M］. 长春：吉林人民出版社，2008.

2741米，现遗存以城墙为主。现存墙基宽约7~10米，四面城墙均修筑马面，四角建有角楼，城外有护城河。

丸都山城位于吉林省集安市北2.5公里处的长白山余脉

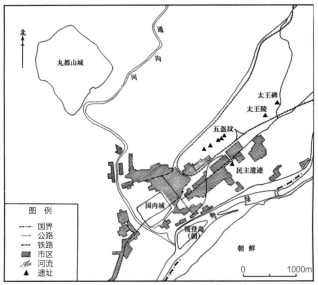

图2-2-1 国内城地理位置图（来源：《吉林省地下文物遗产的考古发现与研究》）

老岭山脉间、起伏险峻的丸都山上，与国内城相距2.5公里。丸都山城始名"尉那岩城"，起初为高句丽第二座都城国内城的军事守备城，后作为王都使用，是高句丽典型的早期山城之一。文献记载，西汉元始三年（公元3年）高句丽迁都于国内，筑"尉那岩城"。建安三年（公元198年）高句丽第十代王山上王加固扩建该城，修筑大型宫殿。山上王十三年（公元209年）移都于此城，更名丸都城，至此，丸都山城的整体布局基本完备。1982年丸都山城被评为全国重点文物保护单位，2004年7月，与国内城同被列入世界遗产名录。

丸都山城四周，峰峦叠嶂地势险峻。平面呈不规则的长方形，周长6951米[①]（图2-2-2），城内现存城门遗迹五处（东、北两墙各2处，南墙正中有1处瓮门，西墙无门），建筑址三处（分别为宫殿址、望台址、戍卒驻地址），蓄水城址1处，墓葬37座（36座石墓、1座土墓）。宫殿遗址位于东城墙内侧平缓台地上，坐东向西，依山而建东高西低，高差约13米，宫殿平面形状不规则，南北长约95.5米，东西宽

图2-2-2 丸都山城局部及山城下墓区（来源：吉林省文物考古研究所 提供）

① 吉林省地方编纂委员会. 吉林省志·文物志［M］. 长春：吉林人民出版社，1991.

86.5米，占地面积约8200平方米①，宫殿、宫门、台基和踏步沿整个宫殿址的中轴线有序展开，四层台基，山城整体布局以宫殿址为核心，是高句丽时期唯一一处以大型宫殿址为核心规划整体布局的山城王都。

山城依自然条件建筑城垣，体现了高句丽山城建筑的基本特点。城垣依山势的走向构筑城垣于临河断崖和陡峭山脊之上，城墙沿地势高低起伏，山下通沟河是山城自然屏障，自东北向西南流入绿江，河两岸有狭长的冲击阶地，阶地上高句丽时期的墓葬星罗棋布。丸都山最高海拔767米，丸都山城东、西、北三面城垣垒筑在四面环抱的山脊上，南面城垣地势较低，高约440米，形成北高南低，形若向南倾斜的"簸箕"状（图2-2-3）。

丸都山城体现了高句丽独特的建造技艺。石材的加工工艺和建造技术，特色鲜明，主要表现在城墙构筑上，城垣绵亘一贯，山脊凹伏愈大处筑墙越高。现城墙遗存东墙、北

墙西段和西墙北段保存较好（图2-2-4），高处可达4~5米，自下而上，逐层内收，上部筑有1米左右的女墙，高度0.78~1.3米，宽度0.73~1米不等，石材一般长40~90厘米，宽20~50厘米，厚10~30厘米。首先利用了自然形势借山垒石，城垣在近陡壁处以陡峭的石壁为城墙、缺口以整方石条或碎石垒砌，在山脊平坦处则以工整花岗岩石条垒砌城垣（图2-2-5）。城墙内部主要用两头呈尖状的梭形石交错摆放，石墙转角处采用"过江石"，采用碎石或黏土局部找平和填充空隙。

高句丽都城选址多选"山川险固，土地肥沃"之地，与地缘行为所依托的"大山深谷"关系密切，丸都山城因险就势，环山为屏障，谷口为门，山腹为宫，与国内城距离适宜，平时居住和战时防御相互依托，特色鲜明。丸都山城防御坚固，城内却又宽敞自如，充分体现了山城王都和军事防备城的布局特色，是城市建设与自然环境完美结合的全新模式②，

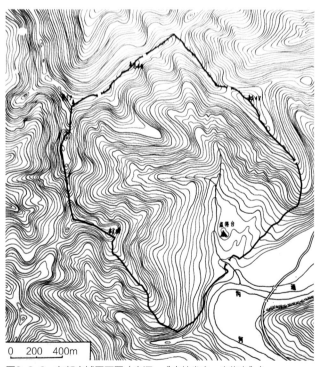

0　200　400m

图2-2-3　丸都山城平面图（来源：《吉林省志·文物志》）

图2-2-4　丸都山城城墙局部（来源：《辽宁吉林黑龙江古建筑》）

图2-2-5　丸都山城城墙局部（来源：《辽宁吉林黑龙江古建筑》）

① 吉赵宾福，杜战伟等. 吉林省地下文化遗产的考古发现与研究［M］. 北京：科学出版社，2017.
② http://www.jilinja.gov.cn/

与平原城国内城共同构成了平原城与山城相互依附共为都城的格局，形成高句丽特有的城郭体系，是高句丽民族建筑才华、筑城理念的充分展示，是中世纪都城建筑的独特范例。

（二）西古城

　　和龙西古城是唐代渤海国五京之一的中京显德府遗址，是渤海国第二座王都。

　　西古城位于吉林省延边朝鲜族自治州和龙市西城镇城南村。城址区域地势北高南低，地处海兰江流域最大的平原头道平原之上，南3公里处为东西向流淌的图们江支流海兰江，背倚长白山东麓低矮的山冈（图2-2-6）。

　　渤海全盛时期，境域辽阔，地有五京、十五府、六十二州。[①]曾四易其都，一迁中京显德府（和龙西古城），二迁上京龙泉府（黑龙江省宁安市渤海镇），三迁东京龙源府（珲春八连城），四迁上京龙泉府[②]。1981年吉林省人民政府公布为吉林省重点文物保护单位，1996年被国务院列为国家级重点文物保护单位。西古城城址由内城和外城两部分组成，其中外城周长约2894米[③]，内城周长约1000米。内城、外城平面均呈南北向纵向长方形，中轴线重合（图2-2-7）。城外有护城河，内城处于外城的北半部居中位置。其内城宫殿区南墙中段内折，设一门址，这一较为特殊形制与珲春八

连城（渤海东京龙源府址）宫殿区的南墙及门址形制完全相同。城址可分为两部七区[④]，内城共有5座宫殿遗址、2处土台基及东西走向排水设施。南北纵向沿同一轴线分布有第一、二、五三座宫殿址（图2-2-8），第二宫殿址东西两侧

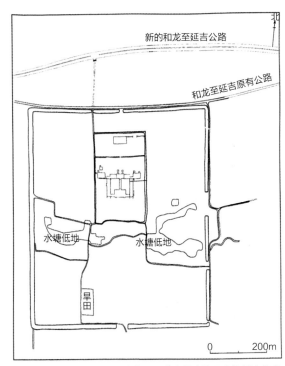

图2-2-7　西古城考古平面图（来源：《吉林省地下文物遗产的考古发现与研究》）

图2-2-6　西古城全景（来源：吉林省文物考古研究 提供）

图2-2-8　一、二殿全景（来源：吉林省文物考古研究所 提供）

① 欧阳修，宋祁等 [M]．新唐书·渤海传.
② http://www.helong.gov.cn/
③ 吉林省地方编纂委员会．吉林省志·文物志 [M]．长春：吉林人民出版社，1991.
④ 孙乃民等．吉林通史 [M]．长春：吉林人民出版社，2008.

各有一座宫殿为第三、四宫殿址。其中第二殿址最大，为建筑群中的主体，坐北朝南，四周设有回廊。西古城城垣为土筑，外墙部分墙体基部、基础之上有河卵石垫层，该垫层用大块河卵石围砌边框，内铺垫一层小河卵石、碎石，末端使用大块河卵石封堵。宫殿遗址的台基为夯土夯筑，部分台基有土坯铺砌而成的"包墙"。其排水设施有河卵石铺垫而成的流水槽及碎瓦铺垫而成的流水槽。

西古城规划仿照了唐代长安城的布局，具有内城外郭、城中有水源的"城郭之制"。西古城整体具有明确中轴线，内城居中偏北，位于中轴线上，三座宫殿沿中轴线列置。第二殿址与第三、四宫殿址共同组成似主殿、配殿、回廊的回廊式布局模式，共同形成中心区空间序列。此外，以河卵石、碎瓦铺垫而成的排水设施，及其宫殿区南墙中段内折设一门址的特殊形制，显现出其渤海时期的特征。

二、墓葬

吉林省境内高句丽墓葬数量巨大，集中分布在今集安市境内，依据墓葬的埋封材料和外部形态，可以划分为积石墓和封土墓两大类。高句丽积石墓类型复杂，是根据"积石为封"的记载和墓葬的外部形态命名，根据内部结构的不同可以分为无坛、方坛和阶坛三种（表2-2-1）。[①]

1. 集安将军坟

将军坟墓位于吉林省集安市区东北4.5公里的龙山南麓坡地上，北高南低。距好太王碑和太王陵1.5公里。其选址考究，后枕巍巍禹山，面朝滔滔江水，对岸有山峦映照，墓地四周开阔，西南面为列祖列宗的陵墓。

将军坟一般认为其年代为公元4世纪末5世纪初高句丽第二十代王长寿王之陵，俗称"将军坟"，临近第十九代王好太王的太王陵，是集安洞沟古墓群著名墓葬之一。1961年被国务院批准公布为第一批全国重点文物保护单位。2004年被列入世界文化遗产名录。

将军坟用精琢的花岗石砌筑，是方坛阶梯石室墓的典型（图2-2-9、图2-2-10）。墓为西南向，墓顶平面呈方形，墓高12.40米，底边边长31.58米，底面积960平方米，四面用千余块精细加工的大石条垒砌边缘，内以河卵石充填，共用石材近6000立方米。其上砌七级阶坛，层层内收相叠。墓室筑于第三级阶坛上，墓道口设在西南中央。墓室呈正方形，边长5米，高5.5米，四壁各用六层平整的条石砌筑，近顶端各置一大条石为梁，使藻井与壁面间有一层叠涩。墓顶遗迹及南侧土堆中建筑构件显示，墓上原有寝殿一类建筑。将军坟周围铺有卵石，四面各宽约30米，近墓处较大，远墓处碎小，推测为将军坟的墓域标识。其还修有排水涵洞、墓域设施等。将军坟原有五座石筑陪坟位于坟北50米

高句丽墓葬类型示意 表2-2-1

类型	序号	名称	墓的形制
石 坟	1	积石墓	用石块或河光石（卵石）在地面上堆积方形墓基，上部作有长方形棺室，其上又用石块或河光石积封，整体形状如方丘状
	2	方坛积石墓	基本与1相同，只是在四角或四周底边用修琢的巨型石块或长方形石条垒砌方坛
	3	方坛阶梯积石墓	作二至五层方坛，一般作三层的为多，逐层收缩成台阶状，最上层台阶作棺室，有单室多室之分，其上堆石为封
	4	方坛阶石室墓	外部结构与3基本相同，只是阶梯方坛采用工整的长方形条石垒筑，并在顶部中央有墓室，室内置有棺床，四周巨石倚护

---

① https://baike.baidu.com/item/. 高句丽遗迹/4538421?fr=aladdin.

图2-2-9　将军坟（来源：王亮 摄）

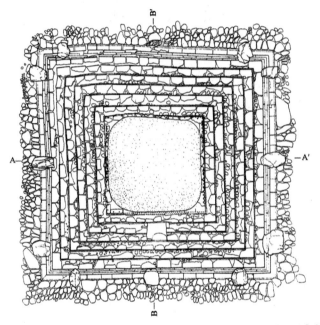

图2-2-10　将军坟平面图（来源：《吉林省地下文物考古发现与研究》）

图2-2-11　将军坟陪葬墓（来源：王亮 摄）

东西向一线上，现仅存一座，因早年破坏，只余部分阶坛垒石三层，形制与将军坟有异，规模较小。

　　将军坟有构筑于黄土层中的基础，采用挖槽后砌垫河卵石的方法，垫石深1～1.2米，外沿宽于基坛3米。卵石下的黄土表层还见有局部夯实坚硬的细碎山石。基础上筑基坛，以修凿工整的花岗岩石条的铺砌与地表持平，基坛外再砌护基石，基坛上构筑墓室。阶坛条石层层平行砌筑，内填卵石，墓室之上巨石封盖，四周由巨石倚护。其四面每面放置3块巨石，以抵消上部石料重量造成的向外张力（图2-2-11）。

　　将军坟修建时有科学合理的设计和布局，所用石材巨大、构筑严谨、工艺精良、建筑规模合理，应是方坛阶梯石室墓最为成熟的形制，被誉为"东方金字塔"。其形制、建造技艺及对不同石材的合理利用均充分体现高句丽时期的建筑理念，是高句丽本民族固有的丧葬建筑的最高成就。

2. 好太王陵

　　好太王陵位于吉林省集安市太王乡，是高句丽第十九代永乐太王谈德的王陵（图2-2-12）。

　　陵墓为4世纪末、5世纪初建筑，使用大量石条、石块和砾石构筑，呈截尖方锥式阶坛形，各边均有5～6块巨石倚护，共计16阶坛，每边长65米，高14米，基坛用材硕大，积累颇高，琢工讲究，筑造坚固（图2-2-13）。

图2-2-12　好太王陵（来源：《辽宁吉林黑龙江古建筑》）

图2-2-13　好太王陵局部（来源：《辽宁吉林黑龙江古建筑》）

图2-2-14　长白灵光塔（来源：吉林省文物考古研究所 提供）

三、建筑

吉林省东部地区建筑类型较少，以朝鲜族民居和木刻楞最具特色。

（一）宗教建筑

1. 长白灵光塔

长白灵光塔是吉林省境内唯一保存完整的渤海砖结构方形楼阁式佛塔，是全国现存不多的渤海时期的地上建筑，也是吉林省境内历史最为悠久的地上建筑（图2-2-14）。

长白灵光塔坐落在吉林省长白朝鲜族自治县长白镇西北郊塔山公园西南端一个海拔820米的平坦的台地上。该塔坐北朝南，面向鸭绿江，相距1.5公里。

长白灵光塔始建于唐代渤海国时期（公元698—926年），

原名无考，1908年，长白府第一任知府张凤台将其誉为西汉时鲁之灵光殿，因此题名为灵光塔。据清朝刘建封撰《长白山江岗志略》记载：土人云，十数年前，潘姓见塔前有一石碑（该塔为灵光塔）甚小，上勒篆文不能辨，后被韩人毁。该塔年代久远，损毁严重，塔身向东南倾斜。据清末《长白山江岗志略》载："塔顶明时被烈风吹折今尚缺"，直到清末尚未修复。1936年，地方士绅对其进行修缮，用五口铁锅扣在一起中间串一根铁棍修复塔刹。此后1954年、1984年分别进行了两次程度不同的维修，且1984年维修该塔时，照原样重铸塔刹并加设避雷针，同时为塔身安全，经上级有关部门批准，用混凝土灌填地宫，并为防止古塔继续倾斜，在塔内加设支撑钢架。1982年列为吉林省第二批重点文物保护单位，1988年1月13日被国务院批准公布为第三批全国重点文物保护单位。

塔由通道、甬道、地宫、塔身和塔刹五部分组成。其通道修在甬道前，向左右两翼拓展至地面成11级阶梯式，左右

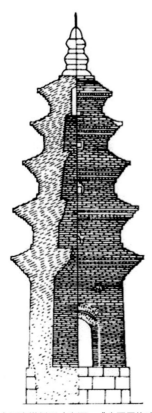

图2-2-15　长白灵光塔剖面（来源：《中国民族建筑·吉林省篇》）

均砖砌，地面铺三层。地宫在甬道后，平面呈长方形，南北长1.9米，东西宽1.42米，高1.49米，地宫砖砌墙身，石板盖顶，墙壁抹石灰饰面，壁面上部也用白灰涂抹。饰面大部分为素色，个别地方涂赭石色，疑为壁画。地宫后墙中央偏东处的室底上，有一石块砌筑的台座，放置舍利盒。塔基在地宫盖石顶部，夯筑而成，塔身在夯土层上面，用长方形、圭形、多角形砖砌筑，通高12.86米。塔身平面呈方形，高5层，逐层收分，每层均有砖砌叠涩出挑形成密檐。近代修复的塔刹在塔身顶部，高1.98米，呈葫芦形（图2-2-15）。长白灵光塔是青灰色和灰褐色的砖砌筑，塔内不能登临。

塔檐采用菱角牙子造型，是唐代砖塔构造的标志性特征。灵光塔的具体做法是将菱角牙子层夹在叠涩层之中，使牙子层和叠涩层交替出檐，且上下牙口出砖方向相反，形

成丰富灵动的立面效果，无装饰性斗栱。塔身砖采用长身平砌，面砖砌筑采用纯黄泥浆。一层塔室天花采用青砖叠涩，为方形攒尖样式。塔身第一层南面有一座砖砌双层叠砌形制的拱券门洞，第二、三、五层正面均设有方形壁龛，在拱门上部两侧和塔的第一层另外三面分别砌有外形类似文字的整块褐色花纹砖，东西两面为莲花瓣纹、南北两面为卷云纹，这些花纹砖塔身北面一至五层也砌有花纹砖。

长白灵光塔是渤海时期的缩小版的阁楼式空心砖塔，采用唐塔密檐形制，塔身呈明显的弧形，上缓下急，造型朴素，端庄稳重。是中原唐文化对渤海时期该地区的建筑风格影响的代表，对研究渤海时期宗教建筑形制、填补渤海时期建筑文化、建筑技术均有重要价值及深远影响。

（二）府邸衙署

1. 延吉边务督办公署

延吉边务督办公署（亦称戍边楼）位于吉林省延吉市布尔哈通河南岸，延边朝鲜族自治州人民政府北侧，光华路和丛柳街交会处[①]，是延边州唯一保存的清代风格建筑物。

延吉边务督办公署，由延吉边务督办吴禄贞建于清宣统元年（1909年）。清宣统二年（1910年）正月，清政府裁撤边务督办公署后，东南路兵备道、东南路观察使、延吉道尹公署、延吉交涉署、伪间岛省办事处、伪省公署、伪省公署警备厅特务科等先后驻于此楼。1909年，《图们江中韩界物条款》在京签订，坚持了中韩以图们江为界河的历史事实。吴禄贞也在此指挥，多次粉碎日寇侵略计划。2013年被国务院公布为第七批全国重点文物保护单位（图2-2-16）。

延吉边务督办公署原是一处规模较大的建筑群，占地面积290亩。建筑群有南大楼、北楼、办公厅、大堂、花厅、青砖瓦房等221间。建筑群分南北两部分，南有砖座木栅栏组成的庭院，北有青砖筑成的围墙。建筑群南北长222米，东西宽108米，南、北墙各设有大门，东、西各设有辕门和角门。南

① 吉林省地方编纂委员会. 吉林省志·文物志［M］. 长春：吉林人民出版社，1991.

部庭院有26间瓦房和8间草房，是军警住房，院中竖一高约10米的木制旗杆。北部庭院内为边务督办公署所在地，院内空地及甬道均有青砖铺设，院内建筑呈"门"形分布，南大楼、大堂、北楼等居于中间，由南向北排列。如今延吉边务督办公署建筑群只存南大楼，即边务督办公署楼，楼东西长20.8米，南北宽18.6米，是一座青砖黛瓦、重檐飞翘的二层建筑（图2-2-17），建筑主体五开间，四周木制回廊，距楼墙外1.7米，立有22根涂红漆的圆木柱（图2-2-18）。

边务督办公署楼建筑形制偏于民间做法，建筑造型轻盈，屋顶坡度平缓无举折变化，出檐较小，屋脊装饰简洁，墙体青砖红砖混砌，每四层青砖和红砖交替，半圆形窗口上面采

用磨砖对缝的做法结合欧式线脚花纹装饰（图2-2-19），外部檐廊采用几何图案青绿彩画装点，木柱下垫琢磨精细的鼓状础石立于青砖台明之上，室内装饰简单，木质楼板和吊顶。建筑中西合璧，既有西方建筑元素和中国传统建筑风格，又有结合地方特色，形制独特，工艺精湛，别具一格。

边务督办公署楼作为吉林东部地区现存的为数不多的清代衙署类建筑，其空间组合布局具有衙署类建筑特点，但建筑形式自由特色鲜明。其现存的边务督办公署楼，作为实物资料，对清末及其后近代建筑的发展及中西交融式风格的演变具有一定意义及价值，显现出在特殊历史背景下延边地区建筑文脉延续性和符号化特征。

图2-2-16 延吉边务督办公署（来源：北京公大永泰安全防范技术有限公司 提供）

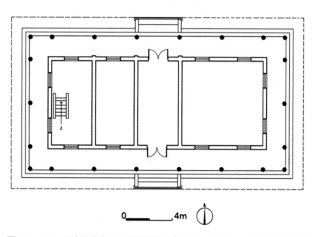

图2-3-17 延吉边务督办公署平面图（来源：北京公大永泰安全防范技术有限公司 提供）

图2-2-18 延吉边务督办公署细部（来源：李天骄 摄）

图2-2-19　延吉边务督办公署细部（来源：李天骄 摄）

（三）民居

　　吉林省东部地区地貌以高山密林为主，居民以渔猎、采集和农耕为主要生产方式。东部聚落和民居主要以长白山满族木文化遗存与朝鲜族民居为主，建筑规模较小、分布零散、不均匀，有独特鲜明的景观特征。

　　朝鲜族村落在开辟之初，从选址与建设上遵循着风水地理学的理论，保留着从朝鲜半岛迁入时固有的传统性，多数在平缓的山脚或溪谷、江边选择村落，体现着建立自然山水城市的理念。这样的村落作为一个自然发生的村落，大多数建立之初以自给自足为出发点，农业生活为基础，比较封闭、领域化，与外界的联系不发达。在立地选址上，考虑地形，水利等自然条件的优越性，同时根据地区的不同，结合当地固有的经济文化及环境条件带有一定的变通性。以龙井市长财村为例（图2-2-20），村落四面环山，中间为盆地，村落与山脉之间起伏着大大小小的丘陵，该村落背靠后山，前临河川——六道河，建筑物自由地布置在平缓的山坡上，是一个典型的背山临水的朝鲜族传统村落；又以延边龙井市龙山村为例，村落背面靠着长白山支脉帽儿山，前面抱

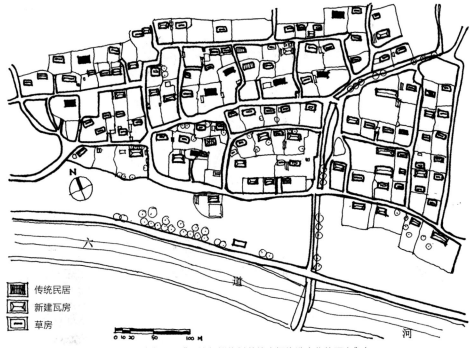

传统民居
新建瓦房
草房

图2-2-20　长财村村落总平面图（来源：《延边朝鲜族村落的空间构造变化的研究》）

图2-2-21 传统村落龙山村全景（来源：林铠 摄）

着平川海兰江及农田，村落前方有一条主要道路沿东西方向延伸，所有住宅全部朝南接近平行布置，间距较大，既能抵御寒风又能享受到充足的阳光（图2-2-21）。

1. 朝鲜民居

朝鲜民居选址自然，多分布在沿山的平川地带，或在河、江、湖、沟的沿岸，或山坡的向阳地带，或临近主要交通道路。

吉林省东部的朝鲜族民居主要分为咸镜道型、平安道型两种。咸镜道型朝鲜民居，主要分布在延边朝鲜族自治州图们江沿岸地区，在选址方面因其"水稻文化"，多考虑周边河流情况及地形等自然因素，便于水稻的种植。代表建筑有图们市月晴镇白龙村百年老宅、图们市下石建村曹氏住宅。平安道型朝鲜民居主要分布在鸭绿江沿岸及部分内陆地区，早期的该类型民居主要分布在山林地区，建筑按"背山临水"的原则依山而建，离住宅处不远有河流，既能抵御寒风，享受充足阳光，又能在其周边开发水田。代表建筑有长白朝鲜族自治县金华乡梨田村民居。

咸镜道型朝鲜民居主要来自朝鲜半岛咸镜道的朝鲜族迁徙民所建造（图2-2-22）。平安道型朝鲜民居主要来自朝鲜半岛平安道的朝鲜族迁徙民所建造（图2-2-23），早期的平安道迁徙民以开垦水田著称。其迁徙历史早在18世纪中叶，就有部分越江私垦的朝鲜人，多为鸭绿江沿岸耕作。后来光绪四年（1878年），封禁了近200年的长白山边境实行开禁，越江的朝鲜人沿鸭绿江自上而下不断迁入。

朝鲜族民居对朝向并不重视，常规朝向坐北朝南，部分顺应山势河流，或沿道路建设，朝向和布置较为随意，空间布局上，房前多为菜地、仓库、玉米楼，房后有果树，少数用木桩和柳条编成围墙，大部分无院落和围墙，多为单栋独立式房屋，呈行列式布局。

咸镜道型建筑平面以"田"字形或"日"字形为特点，主入口设在厨房一侧，平面中间一般为鼎厨间，既由火炕和下沉式厨房所组成的开敞性空间，上铺木板。男女空间有别，库房、上库房、鼎厨间作为女性空间，限止男性客人进入，其空间形态深受儒家思想的影响。该建筑类型在我国朝鲜族民居中历史最悠久，面积最大，形制等级最高，是朝鲜族传统居住文化精髓的代表（图2-2-24）。

图2-2-22 咸镜道式朝鲜族民居（来源：金日学 摄）

图2-2-23 平安道式朝鲜族民居（来源：金日学 摄）

平安道型朝鲜民居建筑平面以"一"字形为特点，通常采用单进四开间或五开间平面，主入口设在厨房一侧，平面中间一般为厨房，按"凹"字形布置，一侧布置灶台；厨房地面标高与室内地面平齐。平面格局上以推拉门的方式将厨房与寝房隔开形成各自独立的空间（图2-2-25）。

传统朝鲜民居多为木构架建筑，建设过程简单，首先建造约40厘米高的单层台基，台上设柱础，柱础上立柱，然后在柱子之间搭水平木杆，沿木杆的垂直方向捆绑高粱秆或细木桩，最后将搅拌的黄土浇筑其上，待墙体凝固后，表层涂刷白灰。屋顶通过木屋架、檩条、覆土层及面层形成四坡和前后两坡等形态，房屋屋身较为平矮，屋面坡度缓和，倒角平缓（图2-2-26）。屋顶根据材料分为草屋顶和瓦屋面两

种。传统瓦屋面建筑，屋顶采用朝鲜族传统的合阁式屋顶，正面形态形似"八"字，因此又称"八作屋顶"（图2-2-27、图2-2-28）。草屋顶建筑，通常采用传统的四坡草屋顶，屋面形态犹如倒舟（图2-2-30）。室内用薄板做成天花，表面粉刷白灰。

室内地面通过厨灶加热，空间连为一体。朝鲜族人民的行为活动以房屋内部为中心，室内地面高于室外地面30到50厘米不等，整体火坑由廊道或入口的下沉空间组织室内外空间，室内空间分隔多以推拉门为主，空间使用灵活多变，夏季可以敞开自然通风（图2-2-29～图2-2-31）。

咸镜道型朝鲜民居室外凡露出黏土的部分均刷白灰，结构构件部分表面刷油漆，从而防潮防腐防蛀。暗红色构件与

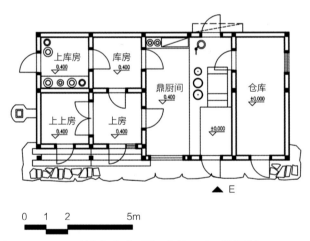

图2-2-24　下石建村"田"字形平面（来源：金日学 提供）

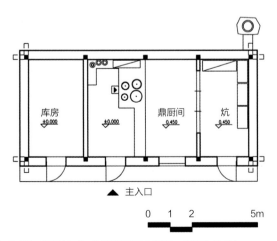

图2-2-25　梨田村 "一"字形平面（来源：金日学 提供）

图2-2-26　草屋面朝鲜族民居（来源：金日学 摄）

图2-2-27　传统瓦屋面朝鲜族民居（来源：吉林建筑大学 提供）

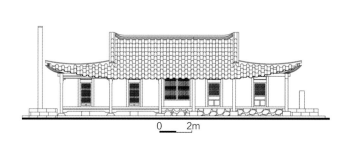

图2-2-28　回龙村歇山顶传统民居立面图（来源：金日学 提供）

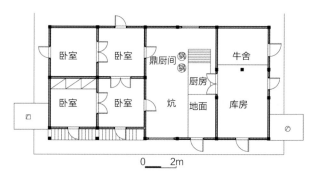

图2-2-29　回龙村歇山顶传统民居平面图（来源：金日学 提供）

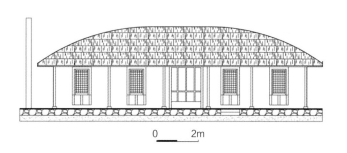

图2-2-30　延边朝鲜族自治州回龙峰村草屋立面图（来源：金日学 提供）

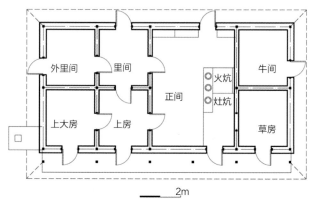

图2-2-31　延边朝鲜族自治州回龙峰村草屋平面图（来源：金日学 提供）

图2-2-32　朝鲜民居装饰细部（来源：金日学 摄）

白色前面、顶棚形成强烈对比。其雕饰丰富，多在屋顶山墙及瓦当等各类构件上装饰各种吉祥图案（图2-2-32）。

平安道型朝鲜民居以就地取材为特点。由于经济条件

限制，很多住宅都省略其装饰效应，有些建筑直接将黄土墙裸露在外。泥墙、木烟囱、草屋顶很好地融合在一起，彰显建筑的自然生态与地域性。住宅的门窗采用直棂式，下附厅板。烟囱位于住宅山墙的一侧。为增强其稳定性，用三脚架套住烟囱，固定在山墙的大梁上（图2-2-33）。

朝鲜族传统文化与吉林省东部特殊的地域环境融合在一起，加之其背山临水、就地取材的选址原则的影响，形成了吉林省朝鲜族民居的独特风格，建筑素雅简洁，屋身平矮，屋顶坡度平缓，门窗比例狭长，白色的墙体结合灰色的屋顶、木本色的门窗，结合水平向和垂直向的对比，形成淡雅明快的建筑性格。

1）图们市下石建村曹氏住宅

该住宅是下石建村历史最悠久的建筑之一，已有百年以上历史。住宅主体建造在两层自然毛石台基上，平面为

图2-2-33　朝鲜民居木烟囱（来源：金日学 摄）　　图2-2-34　下石建村曹氏住宅（来源：《辽宁吉林黑龙江古建筑》）

"田"字形，共8间房，每个房间对外都有单独的出入口。中间两间是厨房和鼎厨间（即与厨房相连而开敞的空间）；东侧两间是储藏间和牛舍；西侧的四间均为寝室，各个房间通过拉门相连通（图2-2-34）。

寝房的南面设有退间，宽两间，进深约90厘米。平台高于地面40厘米，用宽约20厘米的木板并排东西向铺设，通常家里的老人坐在这里乘凉。空间上，退间的暗红色木柱与后面的雪白墙面形成强烈对比，加上深远的挑檐所形成的阴影和平台下方的柱础及架空空间，使得该空间格外丰富。

门窗均采用直棱式，下面设有"厅板"，防止雨水的溅入（图2-2-35）。

屋顶采用朝鲜族传统的合阁式屋顶，构造采用木结构榫卯方式，由大梁、檩、枋、椽等受力构件组成。圆形瓦当刻着莲花瓣图案（图2-2-36～图2-2-38）。

烟囱位于住宅的左山墙，高于建筑屋面。用四张木板拼成方筒，并沿垂直方向分三段用木方绑扎。为了增强其横向稳定性，用三脚架套住烟囱，并固定在山墙的大梁上（图2-2-39）。

2）龙井市智新乡长财村民居

该住宅的建设年代大约是19世纪末（图2-2-40）。住宅建立在40厘米高的单层台基上，台子上面设柱础，上面立

图2-2-35　下石建村曹氏住宅深远的挑檐（来源：《辽宁吉林黑龙江古建筑》）

图2-2-36　曹氏住宅屋顶构造（来源：《辽宁吉林黑龙江古建筑》）

图2-2-37　曹氏住宅屋顶构造（来源：《辽宁吉林黑龙江古建筑》）

图2-2-38　曹氏住宅的"合阁"（来源：《辽宁吉林黑龙江古建筑》）

柱。住宅平面为8间，屋顶为四坡瓦屋面，建筑的南面局部凹进，形成退间。退间后面布置"田"字形寝房。南面两间寝房从东至西分别为上房、上上房（图2-2-41）。按传统方式划分空间，上房一般年老的主人居住，上上房是少主人居住。老主人的房间居中，可以掌管家里的一切，空间阶位也是最高，家里的喜事、丧事都在这里进行。上房和上上房是男人的空间，村里的老人或男人来访直接通过退间从上房、上上房的外门进入屋内，不需要经过厨房、鼎厨间进入上房。北面两间从东到西的顺序分别为库房、上库房，入口分别设在北面和西

图2-2-39　曹氏住宅五角及烟囱（来源：《辽宁吉林黑龙江古建筑》）

图2-2-40　长财村李氏住宅（来源：金日学 摄）

图2-2-41 寝房上梁及天花板构造（来源：金日学 摄）

图2-2-42 厨房空间（来源：金日学 摄）

面。库房一般是长大的女儿用的房间，待家里的儿子成家后住在这里，女儿就要搬到上库房。上库房原来是储藏空间，与其他储藏间区别于它设有温突，可以多功能使用。鼎厨间一般是家里的女人和孩子们居住的空间，该空间与厨房（图2-2-42）相连，便于烧火、做饭，空间阶位较低。库房、上库房、鼎厨间作为女性空间，一般限定男性客人进入。1949年，新中国成立后男女平等，男女有别的封建空间思想不再存续，女性从限定的空间束缚中摆脱出来，全家人可以围绕一张饭桌用餐，鼎厨间变为全家人起居的开放空间。

3）长白朝鲜族自治县金华乡梨田村民居

梨田村是鸭绿江沿岸的一个小村落，村名曾经称为"犁田洞"，属于十八道沟朝鲜族自治乡，现划分为半截沟朝鲜族自治乡（金华乡）。

村落的发展经过了三个时期，从道路规划、住宅朝向、建筑形式等方面具有明显的划分。

初创期，该村只有朝鲜族居住，住宅依据"背山临水"的原则沿西南朝向布置，村落前面小河流过，一条纵贯整个村落的南北村道与鸭绿江边大道相连接。从规模上看，该村落最初也就只有二十几户人家，住宅分布比较分散。道路东面靠后山一侧集中布置联排式住宅，住宅群与南北村道平行，道路较宽，是过去村民们散步、集会的主要场所。东西方向几条村道沿着山坡向山谷延伸，便于进山砍柴、狩猎（图2-2-43）。

图2-2-43 梨田村全景（来源：《辽宁吉林黑龙江古建筑》）

而后随着人口不断增多，村落向北发展，这一时期建设的住宅朝向大部分为南向。住宅分布比较零散，道路形态曲折。

1970年代，村里改造旧房并建新房，住宅构造发生一定变化，用"苏架式"屋顶代替大梁檩托结构，并出现少数砖瓦房。

到了1980年代，村里开始兴建砖瓦建筑，在村口道路以北山坡上盖了几排跌落有序的砖瓦住宅。随着村落的发展，梨田村由纯朝鲜族自然村转变为朝、汉混居的村落。

崔氏住宅是早期联排式住宅中的一户。住宅前面有道路通过，该道路具有交通和庭院空间的作用。隔着道路对面设置仓库和牛舍，晚饭后闲暇时间人们来到马路上闲聊，孩子们玩耍，颇为热闹。住宅后面布置菜园和厕所，入口设在住宅的西侧（图2-2-44、图2-2-45）。

住宅正面主入口两旁的台基上堆放干柴，由于挑檐深远，可以遮挡雨雪。而且柴火摆放在入口两侧，与厨房较近，搬运方便（图2-2-46）。

住宅平面为四间，主入口设在厨房一侧。厨房按"凹"字形布置，灶台上设置四个不同大小的锅，对面整齐摆放酱缸、水桶，盆等生活用具（图2-2-47、图2-2-48）。

鼎厨间与寝房原来是用推拉门隔离。如今家里只剩下老人和孩子，不需要太多的房间，因此取消了内部隔墙和房门，将所有空间打通。虽然空间开敞了，但由于窗户小，光线微弱，室内比较昏暗。

4）图们市月晴镇白龙村朝鲜族民居"百年部落"

白龙村朝鲜族民居位于延边朝鲜族自治州图们市月晴镇白龙村，距离月晴镇驻地西南9.5公里，东距图们江0.56公里。房屋由朝鲜移民商人朴如根所建，1898年始建，1901年

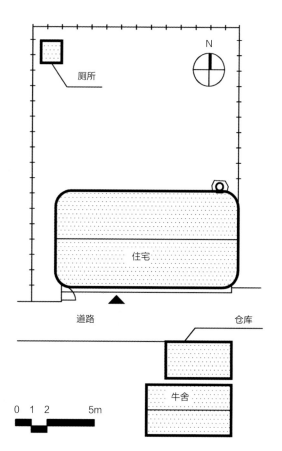

图2-2-44　崔氏住宅院落布局图（来源：金日学 提供）

图2-2-45　崔氏住宅仓库和牛舍（来源：金日学 摄）

图2-2-46　梨田村崔氏住宅（来源：金日学 摄）

9月份竣工，房屋采用土木和瓦结构建造，无一根钉子，使用工具为大锛、小锛、斧子等，所用木材是由长白山用木排运至此地，建房所用瓦片均由朝鲜运至，是传统的朝鲜族民居（图2-2-49）。

“百年部落”主屋坐北朝南，为八间，屋内分外屋、里屋、厨房、牛房、外廊。门窗均为细木格子门棂，房屋间的隔断全部是木制推拉门。整洁的青色瓦垅，耸立的屋脊，雪白的墙壁，给人一种清新、舒适、整洁的美感。百年老宅房屋正面正立面的造型特点采用重复的手法，门窗均为长方形框架，与正立面造型特点相协调，格栅尺寸、门窗的宽度、墙体间隔的宽度以及柱子的宽度的疏密有细微的变化，形成视觉节奏感。取暖设施为满屋炕的形态，从火炕的构造致使整个房屋的空间呈现的是宽畅的视觉效果，供热的主要构件炕洞都设在地面之下，底部低于地面，上部有盖板，而盖板与锅台和炕面形成了一个平面，除了厨房和牛舍储存间，所有的寝室均为大炕。从而扩大了房屋地面的利用率，整合了室内必要功能构件。白龙村朝鲜族民居“百年部落”具有传统朝鲜族民宅的代表性，是一种不可再生资源，具有极高的历史价值、艺术价值和科学价值，是朝鲜族变迁、兴衰、演化的历史及人们生活进化的历史文脉（图2-2-50、图2-2-51、图2-2-52、图2-2-53）。

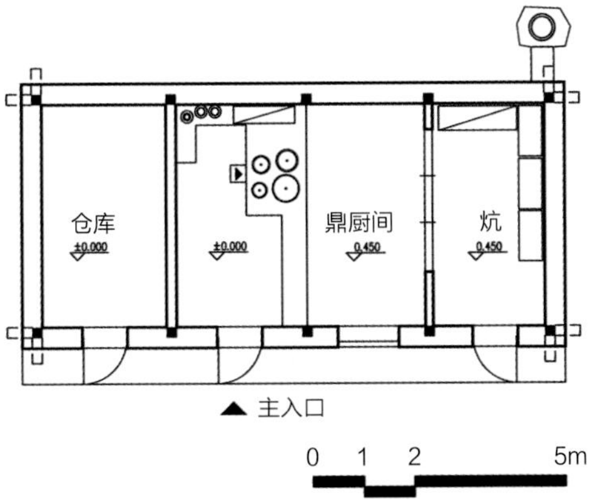

图2-2-47　崔氏住宅平面图（来源：金日学 提供）

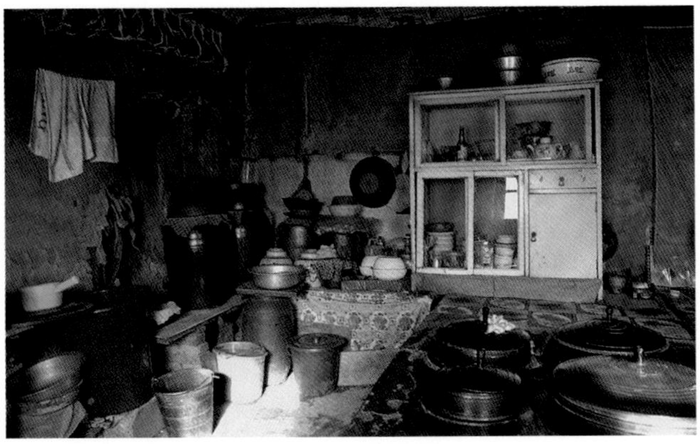
图2-2-48　崔氏住宅厨房（来源：金日学 摄）

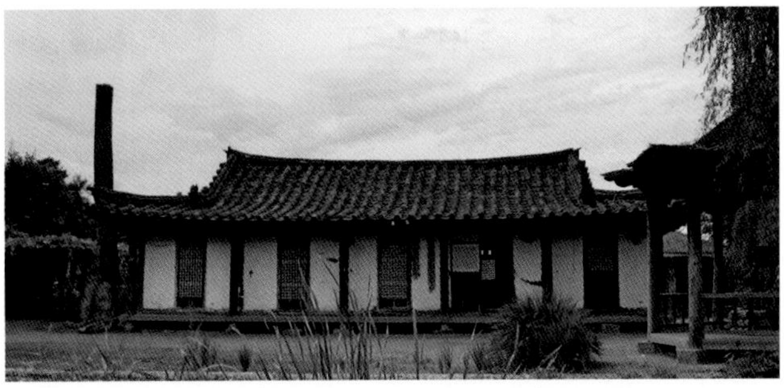
图2-2-49　白龙村朝鲜族民居（一）（来源：申市兴 提供）

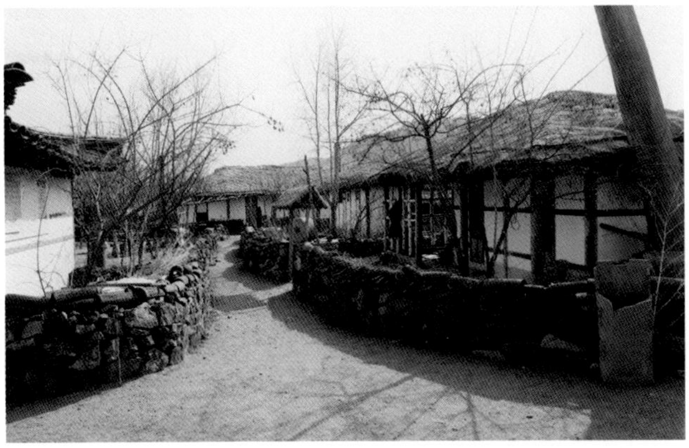
图2-2-50　白龙村朝鲜族民居（二）（来源：申市兴 提供）

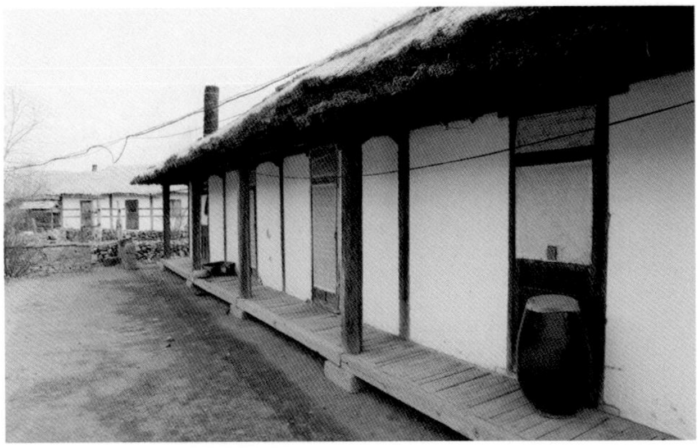
图2-2-51　白龙村朝鲜族民居（三）（来源：申市兴 提供）

2. 锦江木屋村

锦江木屋村地处吉林省白山市抚松县漫江镇南侧2.5公里处的山谷密林中，村外有锦江流过，锦江右岸距木屋村约1.5公里，向西北方向距离抚松县城75公里，东侧约两公里处为抚松县松江河镇至长白县的公路，距松江河镇约20公里，海拔815米，是一个自然形成的村落。

锦江木屋村形成于清代，因村南有一座孤立突出的高山，得名"孤顶子"。"文化大革命"期间，因该村临近锦江，改名为锦江村，村内至今完整地保存着满族古木屋风格建筑群。据《长白山江岗志略》记载，清光绪三十四年，即1908年，长白府帮办、奉天候补知县刘建封奉旨踏查长白山，第一次发现了锦江木屋村。由此推断，木屋村至今已有一百余年的历史，是长白山木屋建造技艺的集中展示地，被称为"长白山最后的木屋村落"。2006年锦江木屋村被抚松县政府列为县级重点文物保护单位；2009年，被省政府列为文化遗产保护单位；2013年9月，被住房和城乡建设部、文化部、财政部联合公布为第二批中国传统村落；2014年8月，被省政府列为第七批省级重点文物保护单位；2014年9月被国家民委列为中国少数民族特色村寨（图2-2-54、图2-2-55）。

村子依山而建，背山面水，整体格局顺应自然。传统木屋是村寨的最重要的组成部分，木屋村现有木屋54栋，房屋选取地势平坦处建造，因袭"负阴抱阳"的传统文化，建筑均坐北朝南，规模很小，沿等高线阶次布置。建筑形式多

图2-2-52 白龙村朝鲜族民居（四）（来源：申市兴 提供）

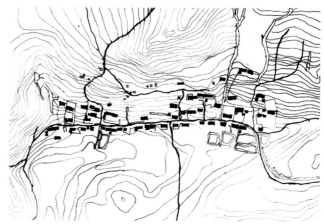

图2-2-54 木屋村总平面图（来源：吉林省城乡规划设计研究院 提供）

图2-2-53 白龙村朝鲜族民居（五）（来源：申市兴 提供）

图2-2-55 锦江木屋村鸟瞰图（来源：申市兴 提供）

为三合院，院落自由开敞，木屋单座独立，院落尺寸差异较大，多以木栅栏围合。锦江木屋村木屋呈群落规模，布局为自然形成，用地自由，街巷无规划。自然、建筑和田园景观构成合理完善的村落结构，形成错落有致的整体形态，风貌古朴自然，是吉林省东部地区独特的山地聚落景观（图2-2-56、图2-2-57）

图2-2-56　木屋村自然环境（来源：申市兴 提供）

图2-2-57　木屋村冬景（来源：申市兴 提供）

　　建筑平面基本为"一"字形布局，多为两开间和三开间，开间不固定，多以木材尺寸确定。房屋整体均以木质材料为主建造（图2-2-58），"墙垣篱壁皆以木"，包括木墙、木瓦、木烟囱、木地板、木隔墙等建筑构件。墙身和屋架多以圆木或方木横向叠砌咬接。由于木屋采用圆木凿刻垒垛造屋得名，被当地人称为"木刻楞"（图2-2-59）。建筑外部的实体面积较大，整体为沉稳厚实的建筑形态，封闭性强，对环境的适应度强，宗法礼制对建筑形制影响甚微

（图2-2-60）。锦江木屋村是长白山满族木文化遗产的典型代表。

　　长白山木屋利用当地材料和传统方式建造，创造了符合原生材料的色彩和美学，具有鲜明的地方特色。"木刻楞"屋最早称为"霸王圈"。其构造方法简单、施工方便。长方形平面布局，墙体无基础，建造时先沿房框四边向下挖出约30厘米的土沟，将圆木横卧四周，其上用圆木层层垒加，垛成木墙。拐角处，圆木的平头伸出墙外，纵横二木相交处，稍加斧削，使其紧紧咬嗑在一起。横木至门窗口时，圆木与圆木之间用"木蛤蚂"相连接，使其稳固（图2-2-61）。在山墙中间位置，内外各立一木柱，紧紧夹住木墙，使其牢固。木墙的内外均抹草泥，以御风寒（图2-2-62）。屋顶为两坡顶，以木板瓦或树皮瓦作为装饰，木瓦，山里人称"房木样子"，多选用山林中的红松倒木，有油质、抗腐蚀，每段锯成约一尺半长，用劈刀顺木丝劈成宽窄不一的薄片，铺在屋顶上，压以横木或石块，是吉林地区特有的做法（图2-2-63、图2-2-64）；木烟囱多选林中枯倒的大树，

图2-2-58　建造过程（来源：申市兴 提供）

图2-2-59　木刻楞（来源：申市兴 提供）

图2-2-60　代表民居（来源：申市兴 提供）

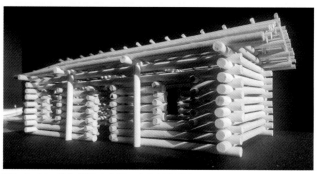

图2-2-61　结构模型（来源：申市兴 提供）

图2-2-62 木屋村民居（来源：《中国传统民居类型全集》（上册））

图2-2-63 木瓦细部（来源：《中国传统民居类型全集》（上册））

图2-2-64 木瓦细部（来源：申市兴摄）

木心腐烂而成空桶者，锯取又粗又直的一段，高约三米，用火燎尽树心朽木，灌涂泥巴，立于檐外，底部通过空心横木与地炕相连。这种烟囱成本低，抽力大，挂灰少，而且冬天还不挂霜，离建筑主体一定距离还可以防止火灾，正是承袭了满族先民遗风的典型物证；房屋转角处的木柱多为裸露，山墙处多立短柱支撑脊檩，山尖处采用草辫墙或细木编织墙体，内外均涂抹草泥，建筑以木色和土黄色为主；火炕采用石材和泥土砌筑，与灶台、烟囱相连，窗子分为上下两部分，上扇可以支起敞开，下扇可以抽出取下，多为长方形分格图案，外糊窗纸。后期门窗多采用蓝色漆饰。房屋建造周期较短，只需二十天左右。

锦江木屋村村落古朴天成，选址方面体现崇尚山水的思维特点，"依山作寨"，独具特点的木墙、木瓦、木烟囱使其成为长白山满族木文化重要代表。首先木屋加工粗放，就地取材，省时省力，建造简单造价低，宜施工易拆卸；其次木屋体量微小、简单宜居，木材结合草泥保暖性强，火灶火炕散热取暖，抵御风寒，形成适宜的室内小气候；最后木屋将围护结构和支撑结构成为一体，建造容易且维修方便。

长白山腹地自古就是满族及其世代先民的生息繁衍之所，木屋建筑保持了较好的本原性，是长白山井干式民居文化的典型代表。木屋就地取材，选取天然木材和土为作为主要材料建造，具有造价低廉、工艺简单、绿色环保的特点。建筑的构造和装饰细节反映材料的自有质感，天然有机的建筑材料形成简单明快的建筑色彩，形成独特的木质建筑风格面貌，是满族山林民俗文化与木文化的共同积淀，是满族建筑艺术的特色代表。

第三节　传统建筑特征解析

东部山区的长白文明是东北文化的孕育地，长时间是东北亚文明的核心代表，影响了东北地区传统建筑的主流方向，其建筑营造的特征鲜明，表现在以下几个方面：

一、空间组织特色

（一）圆栅为城，高山曲谷的环境格局

1. 边塞王城主要以高句丽和渤海国的城址和建筑遗存为代表，可分为都城和山城两大类。都城的特点首先表现在其选址多在山川险要、土地肥沃的统一之地，是少数民族的人居环境观的充分体现；其次城市布局规划具有平原城与山城相互结合、相互依托的显著特色。山城多择山筑城，修建在依山傍水之处，城内建筑布局受地理环境限制，无特定规律和固定规划。依托自然天险，沿山势起伏设城墙等防御设施，既可作为军事要地可防可攻，又可作为日常空间可居可游，满足居住和防御的双重属性，军事防御性尤为突出。

2. 山城所处地势可以分为簸箕形、山顶型、"筑断为城"型和左右城、内外城型。高句丽遗迹簸箕形山城又称包谷式、仰盆式，多修筑在环形山脊之上，山脊往往是三面高一面低，形如簸箕，负阴抱阳且视线开阔，在山间高地平缓处修筑高台，宫殿居所居高筑屋，依地势纵横轴线延展，互为衬托，视廊通透；山顶型山城多修建于山顶之上，地势高且较为平整，四周三面多为悬崖峭壁，一面稍缓，多用于关隘哨卡和卫城；"筑断为城"型山城选取自然天险结合山谷谷口和山脊缺口筑城，形成人工城墙和自然天险相结合的形式；左右城与内外城型山城是两部分城池的左右或内外，相分、相连、相包的组合方式，其中组合主体可以是簸箕形山城或山顶型山城。

山城远可与相关的王城互相呼应，近可以与平原城互为依存，是独特的城郭体系和边疆防御体系，以此衍生出边塞王城和乡村聚落相辅相生基本格局。渤海国城址仿照了唐代长安城的布局，具有中轴序列，具有地域特色的排水设施，综合体现出文化及地域性的多重影响，充分反映了东部地区建筑演进过程及与中原文化的交流碰撞。

（二）自由松散，个性突出的聚落空间

1. 吉林省东部地区的满族村落和汉族民居以长白山脉为辐射中心，其与周围环境的关系甚为密切，受祖先的山林生活及"长白山信仰"的影响，崇尚自然，在建筑选址和建材选择上具有自己的特色。传统聚落选址依山就势，布局分散，建筑形式简单，体型较小，空间关系松散，山区建筑顺应地形和生活需求产生了木刻楞、地窨子等形式。村落结合地形沿山间地势形成道路，东西向道路一般较长，形成基础的行列式布局。满汉住宅院落组织简单，以合院为主，多为"一正一厢"，形成"近似围合院落"。建筑空间关系松散，院落宽敞通透，围合简单自由，以院落空间为中心，将住宅、菜地、粮食储藏、牲畜圈舍、厕所有序组合在一起，确保充足的日照和足够的生活及生产空间，形成大院小宅的空间布局。

2. 朝鲜族民居建筑依据地形，面向开阔地，或沿道路修建，而无固定的朝向，多无院落和围墙，基本上是单体独立的组合形式，自由散居与山地或平原构成景观特色，形成"农田—村庄—山丘"的环境格局。院落空间不封闭，形成"不围合"式格局，居所的室内空间是所有活动的中心，室内空间设置长幼有序、等级鲜明，多采用轻质隔墙或推拉门分隔，空间可大可小、可开可合、灵活通用。依托水稻文明发展的朝鲜民居，灵活多变，整体形成了"有山、有水、有田"的理想环境格局。

二、单体与装饰特征

（一）低矮简洁的建筑单体

"一"字形是满族和汉族民居建筑单体最常见的形式，也是东北民居的原型形式。功能紧凑，造型简单。室内布局简单，空间秩序清晰，沿用至今。平面初期多为不对称构图，两开间，东屋为入口和厨房，设灶，又称"外屋"或"外屋地"，西屋为卧室，设炕，又称"里屋"。后以此为基础平面形式，衍生出两间房、两间半房、三间房、五间房等平面形式。满族民居的代表木刻楞住宅古朴天成，实用为主，没有过多的装饰，木墙、木瓦、木烟囱形成鲜明的建筑性格。受建设能力和木材尺寸的制约，建筑形体狭小低矮，南向大面积开窗，北向、东向和西向基本不开窗，形成封闭

厚重的造型，自然臣服于高山密林之中。用料节约环保，顺应地貌原生形态，应对东北的漫长冬季。

朝鲜族民居门高1.7米左右，室内空间2.0～2.5米。草顶房屋面坡度较缓，屋顶和墙身比例为1∶1.5左右。瓦屋顶屋面坡度稍大，屋顶和墙身比例为1∶1.2左右。屋顶多为四坡草顶和传统歇山式瓦屋顶。

（二）实用为主的室内空间

火炕是吉林民居的不可缺少的设施，火炕的种类依位置的不同可分为南炕、北炕、西炕，依布局的方式可分为万字炕、对面炕、顺山炕、拐巴炕、南北炕等，"里屋"是住宅中卧室和起居等多功能空间，主要构件为炕，通过烟道与灶和烟筒相连，早期建筑室内空间狭小，多设南炕，占地面积超过卧室空间的50%，炕是生活的中心，有生产、生活多种属性，是具有多重功能属性的空间构件。

火炕，长期作为传统家居的唯一热源而存在，是关联各个功能的基础点，对整体建筑的形成和形式，有着整体制约性。传统住宅因此形成特殊的布置模式，小型单体建筑多采用"一"字形的平面布局，南北向布置，入口设置门斗，进门一间多为厨房，设灶，又称"外地"、"伙房"，有时兼作餐厅使用，西墙开门通到卧室，又称"里屋"，大的住宅伙房东西墙中间都开门，布局对称，称为"对面屋"，屋内均有与灶相连的火炕，同时也可兼作餐厅、客厅、储藏室。

从满族的万字炕、朝鲜族的地炕到汉族的南炕，"炕"这一建筑构件的本质，表现了极强的适应性，对应传统的住居形态，沿革至今，体现着地域固有的、不宜消失的居住文化的持续性（图2-3-1）。

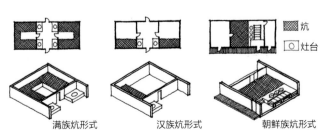

满族炕形式　　　汉族炕形式　　　朝鲜族炕形式
图2-3-1　"炕"形式对比图（来源：金日学 绘）

朝鲜族民居室内满铺火炕，火炕的构造与满族、汉族火炕基本相同，不过面积更大，室内全部地面都做炕面，高度距地30～40厘米，炕面平整满糊高丽纸，温暖舒适，主要房间白天是起居室，晚上是卧室，使用灵活，符合朝鲜族的起居和生活习惯。

（三）民族特色鲜明的装饰手法

1. 建筑多采用未加工打磨的木材、石材、土、草等材料，形成尚武求简、粗犷大气的风格。木刻楞建筑不雕、不琢、不锯、不钉，而是略施斧砍、锛削，以圆木垒垛而成，就地取材，以木为墙、为瓦，通过对材料的简易粗加工，充分体现材料的原真性，形成粗犷自然的天然美感。

朝鲜族四坡草顶住宅屋顶形似倒舟，屋顶的骨架为木构架体系，骨架的主要梁和斜梁打在墙体的上端，檩条根据屋顶形态均匀搭设于梁上，椽子纵横于檩条上形成了深远的挑檐，其上铺设望板、抹黄泥、铺油毡纸，最后铺盖厚厚的干稻草面层。屋面与外刷白灰的草筋泥墙体相结合，屋面倒角的衔接处圆滑、平缓，形体优美，淡雅的色调与环境自然融合。

2. 朝鲜族民居台、廊、屋顶三分构图，其中传统瓦屋面建筑，采用朝鲜族传统的合阁式屋顶，形似汉族歇山顶。屋顶构造采用由大梁、檩、枋、椽等受力构件组成的木结构榫卯方式。檐柱东西方向支撑檐枋、檐檩，南北向支撑大梁；大梁上加方木形成叠梁，中间立童柱支撑中檩，叠梁两端直接支撑中檩。檩条上架椽子，上铺盖板，覆土找坡，最后铺瓦。其正面形态形似"八"字，因此又称"八作屋顶"，屋脊中间平缓两头翘立，瓦屋面坡度缓和，中间平行如舟，四角向上昂翘，形似一只展翅的飞鹤，屋面整体形态协调。装饰采用鲜明的文化符号元素，如高粱花瓣的勾头瓦当，鱼形吉字的山花铺装，门窗多取直棂、横格，黑瓦白墙窗，色彩素雅特色鲜明。

在满族、汉族等住宅形态影响下而形成的新的前后双坡形屋顶式，是朝鲜族民居地域化的重要体现。前后双坡形屋顶左右对称，结构采用砖混式，东西两侧山墙用毛石砌筑，最后将表面削平并用水泥勾缝。这种结构能大大增强住宅的稳定性。其正脊、戗脊、斜脊均叠板瓦而成，端部起翘，并立有形同火苗状的望瓦，象征住家日子如同火焰般红火。

三、材料与工艺特征

（一）灵石崇拜下的石材工艺

墓葬建筑利用石头、石块、石板作为主要建筑材料，叠石成墓，承载对山石的崇拜和信仰。石棚墓多采用石板或石块支撑，上覆以石板，造型简单，结构清晰；积石墓采用阶坛条石层层平行砌筑，内填卵石，顶部以巨石封盖，四边由巨石倚护，其中将军坟顶部面积约50平方米，有亭阁建筑的遗迹，规模宏大、气势雄伟，有很强的纪念性。

王城城垣采用石材为主要砌筑材料，在不同的部位不同的形体要求下，选择不同的石材结合不同的砌筑工艺，在近陡壁处以自然山体为城墙，平坦处则以工整花岗岩石条垒砌城垣，在缺口或连接处以整方石条或碎石垒砌，在城墙内部主要用两头呈尖状的梭形石交错摆放，并用碎石、黄泥填充空隙，外观粗犷宏伟，内部结构工艺清晰。

（二）就地取材的生态建造

木刻楞住宅多选用山林中的红松层层相叠成承重木墙，内外均抹以黄泥或草泥，屋顶为木板瓦或树皮瓦；常见的草顶民居选用干燥的稻草，厚度30~50厘米，均匀铺设在屋面上，用稻草编成的带分水岭的草帘，罩在屋面正脊上，网状罩草绳与木杆连接，固定草顶；墙面、屋面大量采用生土材料，包括土坯、泥砖、草泥、屋面覆土、灰土等，常见草筋泥墙，首先是用原木立柱，固定房间的框架，然后将泥土和切割的稻草加水均与搅拌，浇筑在木柱之间，有的将柱子包在墙体里面，待柱子墙体达到一定强度时，开始屋顶的施工，在建筑的自然属性及材料的经济性、乡土性方面分析，草筋泥墙更能体现建筑的民族性与地域性，同时也体现着山水村落的自然属性，就地取材的建筑形式更是与地域环境浑然一体。这些节能、环保、绿色的建筑材料，就地取材，因地制宜，其中生土材料具有突出的蓄热性能，使房屋室内冬暖夏凉，木材和草可固碳、可再生、可自然降解，效果美观，同时可调节室内环境，是低能耗、低污染的建材，是古老的民间智慧在建筑上的实践和表现。

第三章　吉林省中部地区传统建筑解析

　　吉林省中部地区土地肥沃，适宜农耕，也是清代以来吉林省开发较早的区域及行政中心。文化相对发达，吉林省中部传统建筑类型较丰富，按现存状况主要有以下几种类型：1.城址——以渤海时期为主；2.墓葬——以旧石器时代、新石器时代为主；3.建筑——以清朝的宗教建筑、府邸衙署、满族民居和汉族民居为主。

　　根据吉林省现行行政区划，吉林省中部地区包括以下三个区域：1.长春地区（长春、农安、榆树、德惠、九台）；2.吉林地区（吉林、桦甸、磐石、蛟河、舒兰、永吉）；3.辽源地区（辽源、东丰、东辽）（图3-1-1）。

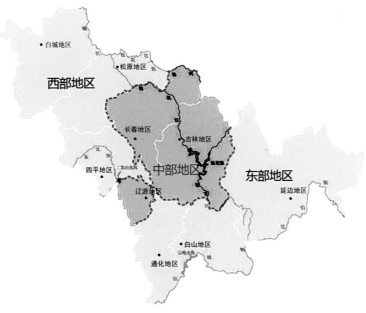

图3-1-1　吉林省中部地区区位示意图（来源：自绘）

第一节　概述

一、自然环境

　　吉林省中部地区在自然地理上是相对完整的区域，属于东部长白山地向西部平原过渡的低山丘陵、山前台地平原区，位于松嫩平原的东南部，北靠黑龙江省，南与辽宁省相邻，西接内蒙古自治区。中部地区属于温带大陆性季风气候，四季分明，雨热同期，冬季漫长而寒冷，夏季较短而高温多雨，是东北的农牧交错地带和生态脆弱地带。吉林省中部日照时间较长，适合农业生产（图3-1-2）。初冰期最晚在11月下旬，解冻期最晚在4月中旬，全年无霜期一般为210~235天。吉林省中部主要有黑土、黑钙土、棕壤土、冲积土、水稻土、草甸土，垦殖率很高。靠近西部过渡带还分布有少量盐渍土和沙土。

　　吉林省中部位于松辽平原的中部和东南部，长春市地处

凹陷带的东部边缘地带，四平市东南部属于哈达岭和大黑山山脉之间的低山丘陵地带，吉林市位于长白山前的山区、半山区及山前平原地带，整个地形从东南向西北倾斜，区域内地貌类型有高平原、河谷平原、丘陵、低山以及山区，主要可分为以下两种：1. 低山丘陵的构造剥蚀地貌。低山丘陵主要分布于四平市、长春市东部、吉林市和辽源市等地区，其主要由碳酸盐岩类、花岗岩类和局部浅变质岩类和丘陵及山区组成，其山脊的高差为100~200米，海拔为400~600米。沟谷宽阔，对既有第四系松散岩层，山顶平缓，发育有风化壳；2. 剥蚀堆积地貌。主要分布在平原区、丘陵台地和中低山丘陵区的河谷地区，主要堆积类型有黄土波状台地、黄土砂质波状台地、砂砾石高台地以及河谷平原。河谷平原地面平坦开阔，河谷冲击层厚度5~20米，沿拉林河、饮马河、伊通河、东辽河以及其支流呈条带状分布。砂砾石高台地分布于吉林省中部西北边缘，地势较高，起伏大，地表岩性多为中更新统黄土状亚黏土。黄土砂质波状台地台面海

图3-1-2　吉林省蛟河市（来源：郭锐 摄）

拔200~240米，地面呈波状起伏，形成了拉林河与松花江之间的分水岭。黄土波状台地台面海拔200~240米，高差10~30米，第四系黄土状土堆厚达5~20米，主要分布在伊通县、农安县以及公主岭市等。分布有棕壤土，耕地地带多分布黑钙土和黑土。

中部地区河流众多，分属不同的流域，主要为松花江（吉林省段）水系、东辽河水系和嫩江水系，区域内的主要河流有松花江、嫩江、拉林河、伊通河、饮马河、东辽河、辉发河等。其中东辽河位于吉林省中西部，它发源于东辽县宴平乡安乐村小顶子山东南，在吉林省境内河长为322公里，第二松花江位于吉林省中东部地区，是松花江的南源，它发源于长白山天池，高程自西北向东南递增，干流河长958公里。饮马河是第二松花江左岸的一大支流，其主要流经吉林中部的双阳市、九台市和德惠市。伊通河全长为342.5公里，主要流经伊通县、长春市和农安县等，伊通河是流经长春市的唯一河流。拉林河是吉林省和黑龙江省的分界河，舒兰市和永吉县位于拉林河的上游，为低山丘陵地带，而榆树市则多为冲积平原和冲洪积台地地貌。拉林河的上游是少水区，下游是丰水区，多年的平均径流量自西向东明显增加。[①]

中部地区土壤肥沃，适合种植农作物，主要有玉米、高粱、水稻等。吉林省中部是世界"黑土地之乡"，也是我国重要的粮食主产区之一。

二、历史文化

吉林中部地区的早期人类形成了以左家山、杨家沟、庙岭、猴石山、西团山为代表的农耕为主，兼营渔猎的文化类型。该地区古代先民为秽貊族系。大约春秋时期以后，秽人与貊人逐渐形成秽貊族，其大致活动地区为松辽平原和松嫩平原。后经民族大迁徙，至汉代，秽貊人又先后形成了东夫余、卒本夫余、南夫余等新的民族实体。

吉林中部地区的历史文化起源于石器时代。距今约5万

至1万年前，吉林中部地区已有诸如"榆树人"的古人类分布。距今约1万年至4000年左右，吉林进入新石器时代，此时中部地区以松花江流域的左家山文化、长白山地西缘、辽河流域的西断梁山文化为主，该时期典型代表有：农安县元宝沟遗址、东丰县西断梁山遗址、舒兰黄鱼圈珠山遗址、农安田家坨子遗址、左家山遗址等。公元前2000年前后的青铜器时期，中部地区以松花江流域的西团山文化为主，该时期典型代表有：西团山墓群、猴石山遗址、土城子遗址等西团山文化遗址及田家坨子青铜文化遗址等。

吉林省中部地区境内有高句丽、渤海、辽、金各时期的城址。现有的高句丽时期的城址是位于吉林市的龙潭山山城遗址。渤海国时期的城址是位于桦甸市的苏密城。辽金时期的城址现存有大坡古城和前进山城，明代时期的城址有乌拉城。该区域建造体系之成熟，材料选择之考究，装饰元素之丰富，是吉林省其他地区不能相比的。

第二节　典型建筑

一、宗教建筑

1. 农安辽塔

农安辽塔位于吉林省农安县黄龙路与宝塔街交会处，建于辽圣宗太平三年（1023年）至太平十年（1030年）（图3-2-1）。1953年对塔进行了第一次修缮，在修缮过程中在塔身第十层中部的方室内台上发现硬山式屋顶的木质微型房屋，内有释迦牟尼佛、观音菩萨、银牌、焚香炉等遗物。1982~1983年，吉林省文物部门对塔进行了第二次大规模的修缮。农安辽塔是现存辽代佛塔最北端的实例，2013年被公布为国家级文物保护单位。

农安辽塔塔基平面呈八边形，13层密檐实心砖塔，由塔基、塔身、塔檐、塔刹组成。通高44米，塔基底边边长7

① 王磊，章光新. 吉林省中部水资源利用趋势分析及对策［J］. 水文，2006，26（6）.

米，高约1米；塔身基部东西直径8米，南北直径8.3米，用不同形制的青砖、平瓦、筒瓦、猫头瓦、水纹瓦等建成。第一层塔高13米，其他各层塔高均5.15米，周长41.2米。第一层上半部修有大小相同、等距的四龛门、四个盲门。门上均有一长1.2米、宽0.4米的拱式楣额。龛门均宽1.4米，高0.2米，进深1.6米。龛门上壁是椭圆形砖构成的仿木斗栱，栱上有浮雕（图3-2-2）。13层的塔檐砌成叠垒花纹，磨砖对缝，犬牙交错，每层檐下的仿木方椽排列整齐。各层塔脊均有泥塑的脊兽。塔刹与塔身的衔接处，八个斜坡戗脊塑有各种兽类，狮子在前，龙马居中，戗兽尾随。戗脊两侧各有四条凸起直线圆筒瓦，筒瓦一端砌着圆形瓦当，瓦当周围刻有双重套环，中间刻成"喜"字图案。戗脊的近端镶一铁环，挂有风铎，13层共挂104个（图3-2-3）。塔刹的基础部分是三层敞口仰莲，仰莲上置鼓腹、细颈敞口宝瓶。宝瓶上是

铜质镀金"圆光"，内为车轮形的卷曲花纹。"圆光"之上筑一铜质镶金仰月，月牙向天。仰月留有双层空边，中间雕刻云卷，仰月之上镶有五颗铜质镶金宝珠。第二颗宝珠上有一宝盖，其顶端是两颗宝珠呈葫芦形连在一起，宝盖上焊有

图3-2-2　农安辽塔局部（来源：李天骄 摄）

图3-2-1　农安辽塔（来源：《幸福都市》2018年2月）

图3-2-3　农安辽塔细部（来源：李天骄 摄）

四条铜链，分别垂挂在塔脊的铁钩上（图3-2-4）。[1]

辽代佛教兴盛，农安县为辽黄龙府旧地，是辽代东北重地，农安辽塔是辽代佛教遗迹的主要代表。由于辽代契丹族文化与中原佛教文化的相互融合，辽密檐塔的形式以唐末和五代时期塔形为基础，沿袭了中国佛塔营造的普遍规律，结合当时辽代自然条件与社会条件，塔身无明显的收分，转角处造型简洁，整体形象巍峨壮观。

2. 乌拉街满族清真寺

乌拉街满族镇清真寺位于吉林省吉林市乌拉街镇内"萨府"的西南，是当地回民的礼拜堂，始建于清康熙三十一年（1692年），现存的正殿和北廊（亦称北讲堂）于2013年和"萨府"、"魁府"、"后府"一起，以"乌拉街清代建筑群"之名，被国务院公布为全国重点文物保护单位（图3-2-5）。

乌拉街满族镇清真寺原为四合院式的空间形态，原北廊5间，南廊3间，对厅3间，正殿匾额正书"德维教化"。现存正殿坐西朝东，为歇山顶小青瓦干槎仰瓦屋面，台明平面呈"凸"字形，是五间主体外加三间抱厦的空间格局（图3-2-6）。北讲堂为硬山顶小青瓦干槎仰瓦屋面，面阔为五间，进深为两间，青砖灰瓦，带前廊并有东西拱形门洞（图3-2-7，图3-2-8）。

图3-2-5　乌拉街清真寺正殿（来源：赵艺 摄）

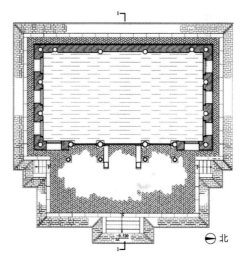

图3-2-6　乌拉街满族清真寺正殿平面图（来源：《辽宁吉林黑龙江古建筑》）

图3-2-4　农安辽塔宝顶（来源：《辽宁吉林黑龙江古建筑》）

图3-2-7　乌拉街满族清真寺北讲堂（来源：《辽宁吉林黑龙江古建筑》）

① 陈伯超，刘大平，李之吉. 辽宁吉林黑龙江古建筑 [M]. 北京：中国建筑工业出版社，2015.

正殿形式独特，为宫殿式的楼阁形式，造型古朴，歇山顶，屋面坡度较大，檐口曲面优美，屋角起翘较为平缓，整体风格端庄浑厚。殿前面三开间檐廊，明间开间较大设门，尽端皆开窗，其余三面围以厚墙，墙体收分明显，山墙后部西侧为望月楼，现已缺失（图3-2-9）。

柱间雀替造型丰富，有以植物花卉为主的图案，也有以建筑构件结合飞鸟走兽的图案，北讲堂明间柱上的雀替造型独特，为多宝阁式图案结合回纹造型，将梅兰竹菊、盛开的荷花、显示人文气质的古鼎、瓶、磬等器物图案相互融合，并结合深浮雕、透雕、圆雕等手法配合使用，造型精美独特（图3-2-10、图3-2-11）。

伊斯兰教建筑中的圣龛应背向麦加，结合吉林省的地理位置，清真寺主殿形成了坐西朝东的布局形式。乌拉街镇曾为满族的主要聚居区，清真寺在建筑形态和建筑构造特点上，明显具有满族民居的建筑特色。

3. 吉林北山关帝庙

北山关帝庙位于北山东峰前沿，隔东湖与吉林老城遥望。始建于清康熙四十年（1701年），清雍正九年（1731年）、同治八年（1869年）以及民国13年（1924年）历经多次修建、重建、扩建，新中国成立后又经多次维修、改建，确定了今天的格局、规模。北山关帝庙是吉林市北山古寺庙群中修建年代最早的一组建筑，也是北山古寺庙群引入之处，有"北山第一寺"之称。1987年，关帝庙被公布为吉

图3-2-8　乌拉街满族清真寺北讲堂檐廊细部（来源：赵艺 摄）

图3-2-10　乌拉街满族清真寺雀替（一）（来源：王亮 摄）

图3-2-9　乌拉街清真寺正殿（来源：李之吉 摄）

图3-2-11　乌拉街满族清真寺雀替（二）（来源：王亮 摄）

林省重点文物保护单位（图3-2-12）。

北山关帝庙依托了北山的山形地势，平面布局为自由组合式布局。院落内主要建筑物都坐落于偏东南的朝向，由低到高，虽无明确的轴线，却形成了层次丰富的、纵向的空间序列。正殿面阔三间，前出廊，屋顶为硬山式。建成后正殿前接建三开间卷棚歇山廊厦。东侧为地藏殿，面阔三间。西侧原为暂留轩，近年拆除后在原址及西南处建有大雄宝殿，为五开间重檐歇山顶的仿古建筑。后院对称设有面阔均为三间的东西配殿。建筑物体形规则，灰色的清水磨砖墙，只有木构件表面施浓烈色彩（图3-2-13～图3-2-17）。

图3-2-14　北山关帝庙正殿（来源：《辽宁吉林黑龙江古建筑》）

图3-2-15　北山关帝庙正殿卷棚内彩画（来源：《辽宁吉林黑龙江古建筑》）

图3-2-12　北山关帝庙大雄宝殿（来源：《辽宁吉林黑龙江古建筑》）

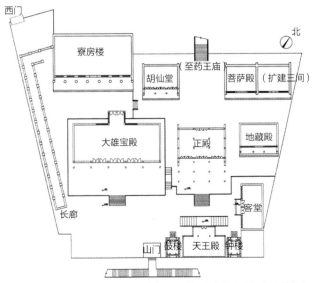
图3-2-13　北山关帝庙总平面图（来源：《辽宁吉林黑龙江古建筑》）

图3-2-16　北山关帝庙东配殿（来源：《辽宁吉林黑龙江古建筑》）

图3-2-17　北山关帝庙西配殿（来源：《辽宁吉林黑龙江古建筑》）

北山关帝庙的选址，有人认为是清朝廷为压九龙山"龙虎风水"而为，借"关圣帝君"的神威镇住龙气，以保江山社稷，并改九龙山为北山。北山关帝庙选址体现了关帝庙建筑对于统治阶级政治服务的重要性。[1]

4. 吉林北山药王庙

药王庙，又称三皇庙，位于吉林省吉林市北山山顶，是北山古建筑群的主要组成建筑之一（图3-2-18、图3-2-19）。始建于清乾隆三年（1738年），乾隆五十二年（1787年）、光绪十三年（1887年）先后进行过重修。

1987年，被公布为吉林省重点文物保护单位。

药王庙有正殿、东西配殿各三间，西南为眼药池，西为春江山阁。药王庙正殿位于居中位置，面阔三开间，前面接有卷棚硬山廊厦，廊厦作为进入正殿的先导空间，使正殿呈现出纵深式的空间序列（图3-2-20、图3-2-21）。建筑物体形规则，灰色的清水磨砖墙，灰板瓦屋面，局部用筒瓦在两端镶边和处理卷棚屋面的顶部，只有木构件表面施浓烈色彩。[2]

北山药王庙总体布局采用了东北地区常用的合院式布局（图3-2-19、图3-2-21），建筑主次分明，尊卑有序，是伦理秩序与虚实变换之道的体现。

图3-2-18 北山药王庙山门（来源：《辽宁吉林黑龙江古建筑》）

图3-2-20 北山药王庙正殿（来源：《辽宁吉林黑龙江古建筑》）

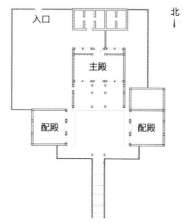

图3-2-19 北山药王庙总平面（来源：《辽宁吉林黑龙江古建筑》）

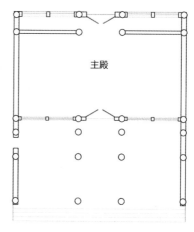

图3-2-21 北山药王庙正殿平面图（来源：《辽宁吉林黑龙江古建筑》）

---

① 陈伯超，刘大平，李之吉. 辽宁吉林黑龙江古建筑［M］. 北京：中国建筑工业出版社，2015.
② 陈伯超，刘大平，李之吉. 辽宁吉林黑龙江古建筑［M］. 北京：中国建筑工业出版社，2015.

5. 吉林观音古刹

吉林观音古刹位于吉林市船营区巴虎门内路南，光华路与昆明街交叉路口处南侧，始建于清乾隆三十五年（1770年），道光三年（1823年）复葺，同治八年（1869年）经吉林将军富明阿倡捐重修，"伪满康德"五年（1938年）又补修一次。1981年，吉林市政府对观音古刹重新修复，新增天王殿三间，重修钟楼、鼓楼。吉林观音古刹是吉林市较大的佛寺之一。1987年，被公布为吉林省重点文物保护单位。

吉林观音古刹在平面布局上，沿南北轴线布置两进四合院式院落。有正殿三间、藏经殿三间、东西配殿各五间、仙人堂一间、钟鼓楼各一、大门三间。山门面阔三开间硬山顶，小青瓦仰瓦屋面（图3-2-22）。穿过山门，左右两侧分别为四角攒尖顶的钟鼓楼（图3-2-23），东西厢房为僧舍和客房。正殿观音殿位于院内正中，三开间。平面的进深尺寸远大于开间尺寸，为硬山抱厦式（图3-2-24）。前面抱厅用卷棚歇山顶与硬山式观音殿连造，十二柱落地，没有围护墙（图3-2-25）。正殿东配房为"藏经殿"（图3-2-26）。

图3-2-24　观音殿及前面的抱厅（来源：《辽宁吉林黑龙江古建筑》）

图3-2-22　吉林观音古刹山门（来源：《辽宁吉林黑龙江古建筑》）

图3-2-25　观音殿前的抱厅（来源：《辽宁吉林黑龙江古建筑》）

图3-2-23　山门南侧的天王殿和两侧的钟鼓楼（来源：《辽宁吉林黑龙江古建筑》）

图3-2-26　观音殿东配殿（来源：《辽宁吉林黑龙江古建筑》）

观音古刹按照佛教的规制布局，将佛教与中国原始宗教意识和传统文化相融合。建筑形制以中原传统建筑形式为基础，结合满族建筑艺术及技术，使之更加丰富并具有鲜明的地域性风格。

6. 吉林北山玉皇阁

玉皇阁，又名大雄阁，位于吉林市北山。始建于乾隆四十一年（1776年），自建成后，曾进行多次修葺，其中以民国15年（1926年）吉林事务督办兼省长张作相筹款维修规模最大。北山玉皇阁是北山古建筑群中规模最大，建筑位置最高的一组古代建筑群。1987年，被公布为吉林省重点文物保护单位（图3-2-27、图3-2-28）。

玉皇阁充分依托北山山势，在平面布局上，由两进院落组成，有明显的中轴线，全部建筑物都严格按照中轴线

来对称布置。院落平面为矩形，横向较为开阔，与较短的进深形成方向上的强烈对比。整个建筑群布局严谨，既强调了严格的对称统一，又有高低错落，富于形体变化。大小殿堂均用灰砖灰瓦，墙面磨砖对缝，梁柱油漆彩画是重点装饰。屋面铺设板瓦，局部用筒瓦剪边。山门采用佛寺建筑常用做法，开三个圆券门洞。两侧是简单的墙门，上施屋顶，中间开设三开间屋宇式门，正面厚墙封闭，仅设一个大圆券门洞，上部硬山两坡顶，比较大体量地强调处中轴线位置。钟鼓楼布置在前院东南和西南角，高台方亭，攒尖顶，通透轻盈，飞落在封闭沉重的院墙和山门之上（图3-2-29）。山门内一反在中轴线布置主要殿堂的传统，迎面设置大台阶，台阶上架立三开间木牌坊，强调了第二进院落的入口标志（图3-2-30）。牌坊东西两侧由数间殿堂组成，东侧有祖师殿和观音殿，西侧有老君殿和胡仙

图3-2-27　玉皇阁山门（来源：房友良 提供）

图3-2-29　玉皇阁山门及两侧钟鼓楼（来源：《辽宁吉林黑龙江古建筑》）

图3-2-28　玉皇阁牌楼（来源：房友良 提供）

图3-2-30　玉皇阁木牌坊（来源：《辽宁吉林黑龙江古建筑》）

堂。整组建筑物都为前廊式硬山顶，规模依据中轴线远近而变化。

后殿有正殿和东西配房各五间（图3-2-31、图3-2-32）。正殿称"朵云殿"，其面阔三间单檐歇山顶。殿高两层，是整个建筑群中体量最大，等级最高，装饰最华丽的建筑（图3-2-33）。朵云殿正面为两层柱廊，底层装饰比较简洁，二层设平坐，平坐及屋顶均用三朵斗栱出挑。檐下绘有精细的青绿色调的油漆彩画（图3-2-34）。

北山玉皇阁选址与布局充分体现了道教"天人合一"的思想，将建筑群和谐地融合到山间。建筑群主次分明，和谐统一，体现了中国传统的尊卑等级思想。北山玉皇阁的建筑形制将中国传统建筑形制与满族民居形制相融合，体现了独特的吉林省地域特色。

7. 长春长通路清真寺

长春长通路清真寺位于吉林省长春市南关区长通路北侧清真寺胡同内，始建于清同治年间（1862~1874年），为长春市现存历史最悠久的建筑群（图3-2-35、图3-2-36）。

图3-2-33　玉皇阁朵云殿（来源：《辽宁吉林黑龙江古建筑》）

图3-2-31　玉皇阁后院东厢房（来源：《辽宁吉林黑龙江古建筑》）

图3-2-34　玉皇阁朵云殿雀替及彩画（来源：《辽宁吉林黑龙江古建筑》）

图3-2-32　玉皇阁后院西厢房（来源：《辽宁吉林黑龙江古建筑》）

图3-2-35　长春长通路清真寺全景（来源：《辽宁吉林黑龙江古建筑》）

1987年，长春市长通路清真寺被公布为吉林省文物保护单位。长春长通路清真寺历经两次修缮。清光绪十七年至十九年间（1891—1983年）重修寺门、正殿、讲堂等。2011年，进行了历史上最大规模的一次修缮，维修加固原有建筑，增加了一些服务用房，在长通路一侧新建了一座三开间的落地牌坊。

长春长通路清真寺位于长春市主要的穆斯林聚居区的中心位置。采用院落式布局，坐西朝东。有明确的东西向轴线，以正殿（礼拜殿）的前庭为主导，在东西两侧布置了讲堂、女礼拜殿和其他附属用房等。沿轴线向前延伸，布置抱

厦、正殿和望月楼，创造了层次丰富的空间序列（图3-2-37）。正殿前为五开间抱厦，屋顶为卷棚歇山式，抱厦作为进入正殿的先导空间，使得建筑空间与外部造型更加丰富。正殿采用一脊两卷勾连搭式的屋顶组合，高低错落，极富韵律。望月楼与正殿西侧相连，平面呈六边形的三层六角攒尖顶塔式建筑。

清真寺彩绘以蓝色为主，雀替透雕，十分华丽。正殿前部的南北山墙上有吉林传统民居常用的"山坠"和"腰花"砖雕，并有"垂花门"的造型，砖雕上再施以彩绘，下部设有圆窗，造型组合丰富（图3-2-38～图3-2-40）。

图3-2-36　长春长通路清真寺南立面图（来源：张俊峰 绘）

图3-2-37　长春长通路清真寺抱厅及大殿北侧（来源：《辽宁吉林黑龙江古建筑》）

图3-2-38　长春长通路清真寺大殿局部
（来源：《辽宁吉林黑龙江古建筑》）

长春清真寺巧妙地融合了伊斯兰教建筑元素与吉林传统民居建筑形式与营造手法，形成了独特的东北地区伊斯兰教建筑形式。

8. 吉林北山坎离宫

吉林北山坎离宫位于吉林市北山山顶，始建于清光绪二十三年（1897年），光绪三十四年（1908年）、民国5年（1916年）重修。北山坎离宫是北山古建筑群的主要组成建筑之一，1987年，被公布为吉林省重点文物保护单位（图3-2-41、图3-2-42）。

北山坎离宫现有正殿三开间，硬山顶，正殿前接有三开间卷棚硬山廊厦，廊厦作为先导空间，使得空间层次更加丰富，高低错落，富有韵律（图3-2-43）。东配殿称"弥勒殿"，面阔三开间，前出廊，硬山顶。彩绘以蓝、黄为主。正殿雀替透雕，十分精致（图3-2-44）。配殿没有雀替，简洁、朴实，显示出严格的等级制度。

坎离宫选址体现了中国传统哲学中道家"天人合一"的思想，将坎离宫与北山融为一体，达到和谐统一。融合了中原传统建筑营造手法和满族建筑营造手法的坎离宫，形成了独特的吉林地区道教建筑。

图3-2-39　长春长通路清真寺大教长室檐下雀替（来源：《辽宁吉林黑龙江古建筑》）

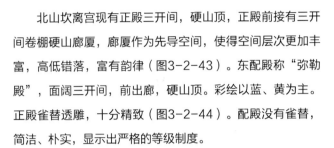

图3-2-41　北山坎离宫山门（来源：《辽宁吉林黑龙江古建筑》）

图3-2-40　长春长通路清真寺抱厅斗栱（来源：《辽宁吉林黑龙江古建筑》）

图3-2-42　北山坎离宫前院空间（来源：《辽宁吉林黑龙江古建筑》）

图3-2-43 北山坎离宫正殿（来源：《辽宁吉林黑龙江古建筑》）

图3-2-44 北山坎离宫东配殿弥勒殿（来源：《辽宁吉林黑龙江古建筑》）

图3-2-45 吉林文庙鸟瞰（来源：《辽宁吉林黑龙江古建筑》）

9. 吉林文庙

吉林文庙位于吉林市昌邑区南昌路2号。吉林文庙前身是永吉州文庙，始建于清乾隆元年（1736年），建成于乾隆七年（1742年），后几经损毁、扩建与维修。清光绪三十二年（1906年）决定于东莱门外择地（即今址）扩建新庙。从清光绪三十三年（1907年）至宣统年间，修建了现有吉林文庙主体建筑（图3-2-45）。1920年，吉林省督军兼省长鲍贵卿主持重修文庙。2008年，吉林文庙始建以来经历了最大一次修缮。吉林文庙是东北地区保存最完整的一座清代文庙，同时也是吉林省保存最完整、规模最大、建筑等级最高的古建筑群。2006年被国务院公布为第六批全国重点文物保护单位。

吉林文庙是完整的文庙规制，占地16354平方米。共有殿庑64间，以大成门、大成殿、崇圣殿为主体建筑构成三进院落，主体建筑坐北朝南，中轴线上由南至北依次为：照壁、泮池、状元桥、棂星门（3楹）、大成门（5间）、大成殿（11间）和崇圣殿（7间）。东西辕门、东西官厅、省牲厅、祭乐器库、名宦祠、乡贤祠、先贤先儒祠、金声玉振门对称排列在中轴线两侧（图3-2-46、图3-2-47）。照壁、东西辕门、大成门、大成殿、崇圣殿和围墙均采用黄琉璃瓦覆顶。

大成门为面阔五开间、前出廊，上覆黄色琉璃歇山顶。两梢间用墙分隔，地面铺墁尺二方砖十字缝法（图3-2-48）。南北明间各有七级垂带踏跺，但宽度不同。正脊为

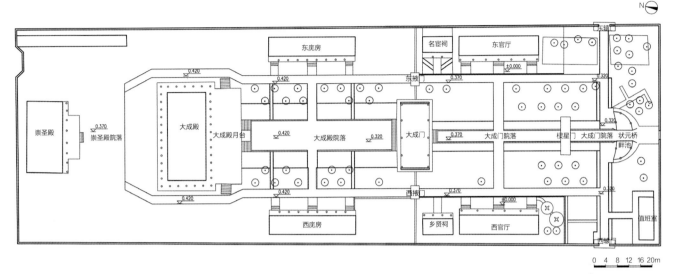

图3-2-46　吉林文庙总平面图（来源：吉林市城园设计院有限责任公司 提供）

图3-2-47　吉林文庙泮池（来源：房友良 提供）

图3-2-48　吉林文庙大成门（来源：《辽宁吉林黑龙江古建筑》）

高浮雕龙凤图案，正面五龙间祥云，背面五凤间花卉，垂脊双面为缠枝。现有油饰和墨线大点金旋子彩画是1985年至1990年维修时按北方官式彩画新做的，与已查实老照片所反映的是以旋子、柿子花、海水、祥云等题材为主的地方彩画样式明显不同。

东官厅（兼作祭器库、省牲亭）、西官厅（兼作乐器库、神厨）面阔七间、前出廊。硬山顶屋面，干槎板瓦、方砖陡板脊，屋面因直椽而平直。外檐做墨线海墁烟琢墨万福留云彩画，抱头梁做麻叶头装饰做法，门窗为棂条嵌椀花。名宦祠、乡贤祠分别位于东官厅、西官厅北侧，面阔三间、前出廊。屋顶瓦面、砖雕、彩画、装饰构件等做法皆与东、西官厅相同。东庑殿、西庑殿位于二进院东、西两侧，面阔九间，前出廊。屋顶瓦面、砖雕、彩画、装饰构件等做法皆与东、西官厅相同。

大成殿，不仅是核心庭院的主体建筑，也是整个文庙的中心建筑。面阔九间，进深四间，周围廊。上覆五样黄琉璃重檐歇山顶，下承墁尺二方砖、十字缝做法的台基。正脊正、背面圆塑九龙九凤蝠云图案，戗脊端为五个跑兽。中间的五间明、次间各四扇棂条嵌椀花六抹隔扇，裙板绦环为沥粉贴金做法，其余四间均为四扇棂条嵌椀花的四抹窗扇。油饰彩画与大成门形制和情况相同（图3-2-49、图3-2-50）。

　　吉林文庙是清政府在东北地区敕建的第一座文庙，是中原汉族文化与东北少数民族文化相融合的重要历史见证。在建筑艺术上既集中了清代北方官式建筑大木结构的精华，又体现了东北建筑装饰的特色，是古代建筑艺术成熟的范例。

10. 城子村清真寺

　　伊通县城子村清真寺位于吉林省伊通满族自治县三道乡城子村北侧，古城中央，始建于清顺治元年（1644年），最初为草房，至今历经约400年，经过了十几次的修缮。2007年，被吉林省人民政府批准为第六批吉林省重点文物保护单位（图3-2-51）。

　　清真寺正殿坐西朝东，沿正殿轴线两侧布置讲堂、办公室和浴室等，整体形成院落式布局。整个建筑平面呈凸字形（图3-2-52）。

　　大殿面阔五间18.4米，砖木结构，硬山灰瓦屋面（图3-2-53、图3-2-54）。前有檐廊，置有明柱6根。檐柱的柱头与雀替绘有红、蓝、白、绿祥云图案的彩画，梁上绘有彩画及各式图案（图3-2-55），门窗皆涂成朱红色，门的两侧各有砖刻的牡丹花纹图案，廊心墙采用花瓦做法，方砖雕琢有花饰。两侧山墙各有两扇拱形窗，南侧山墙墀头上的戗檐雕为牡丹图案（图3-2-56）。北侧山墙墀头上的戗檐雕为葵花纹图案，砖雕精美、细腻，特色鲜明。与大殿相连的西侧墙面中央另接一望月楼，楼高三层，望月楼为砖混结构，屋顶形式为四角攒尖顶。

　　清真寺总体布局将伊斯兰宗教传统，与东北传统合院式民居相融合，形成新的建筑群体组合形式。是外来文化顺应地方范式的实例，伊斯兰文化在色彩纹样、装饰细部上，集地区特色、民族特色、宗教文化特色于一身，承载着该地区文化与民族的传承。

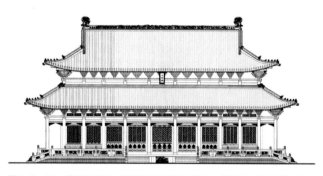

图3-2-49　吉林文庙大成殿南立面图（来源：《辽宁吉林黑龙江古建筑》）

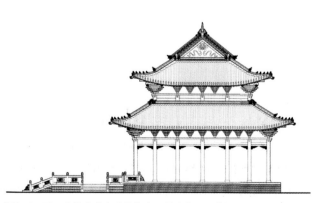

图3-2-50　吉林文庙大成殿东立面图（来源：《辽宁吉林黑龙江古建筑》）

图3-2-51　城子村清真寺（来源：李天骄 摄）

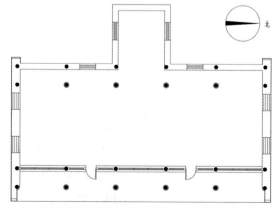

图3-2-52　城子村清真寺测绘平面图（来源：吉林建筑大学 提供）

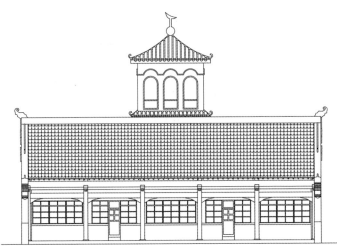

图3-2-53　城子村清真寺东立面图（来源：吉林建筑大学 提供）

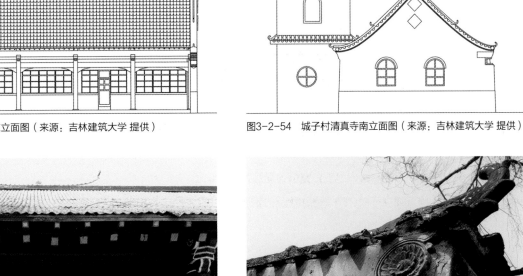

图3-2-54　城子村清真寺南立面图（来源：吉林建筑大学 提供）

图3-2-55　城子村清真寺彩画（来源：李天骄 摄）

图3-2-56　城子村清真寺细部（来源：李天骄 摄）

二、府邸

满族中王公、贝勒等显贵，多由皇帝赐予府第，严格而言，只有亲王、郡王的居处方可称"府"，堆砌亭榭楼阁，华贵精巧。《红楼梦》中曹雪芹对贾府有极精彩的描写，就是清代王府建筑形式风格的艺术再现。

乌拉街"三府"位于吉林市龙潭区乌拉街满族镇内，吉

林市龙潭区乌拉街满族镇位于吉林省中部偏东，松花江上游右岸，是吉林省有名的满族群众聚居地，有"先有乌拉，后有吉林"之说。乌拉街镇历史悠久，文物丰富，人文荟萃，它曾是明朝海西女真扈伦四部之一的乌拉部的治所。清代，则是打牲乌拉总管衙署的所在地，由"后府"、"魁府"、"萨府"组成，是典型的满族旗人官宦住宅。"萨府"、"魁府"、"后府"，与乌拉街清真寺一起，在2013年，以

"乌拉街清代建筑群"之名，被公布为第七批全国重点文物保护单位。

1. 乌拉街镇萨府

"萨府"位于乌拉街镇东南隅（现文化路永吉三中院内），始建于清乾隆二十年（1755年）。系时任打牲乌拉总管衙门第十三任总管（正四品）索柱的私邸，"萨府"采用坐北朝南的四合院式布局（图3-2-57）。建筑面积500平方米，包括正房五间，东、西两厢四栋、每侧二栋各三间，门房三间，东耳房二间。正房，面阔五间，南侧有前廊，硬山顶（图3-2-58、图3-2-59）。东、西厢房均面阔六间，硬山顶。正房有套间，间壁为松木板结构，地面为松木地板，飞檐翘脊，曾有青龙、白虎、朱雀、玄武脊饰。厢房为两座建筑并置，山墙公用，独立开门，正脊为双段脊的处理方式（图3-2-60）。

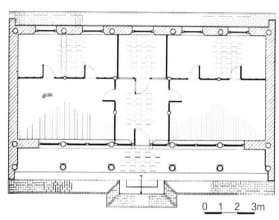

图3-2-58 萨府正房平面图（来源：《辽宁吉林黑龙江古建筑》）

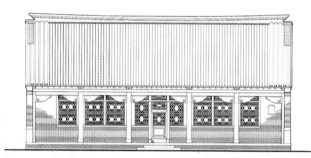

图3-2-59 萨府正房南立面（来源：《辽宁吉林黑龙江古建筑》）

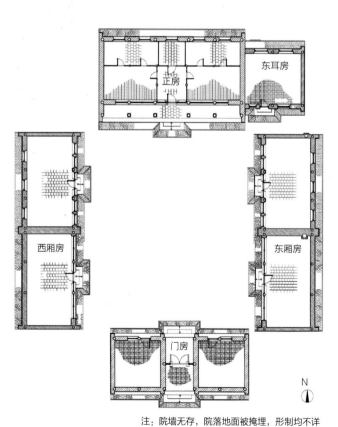

注：院墙无存，院落地面被掩埋，形制均不详
图3-2-57 萨府总平面图（来源：《辽宁吉林黑龙江古建筑》）

图3-2-60 萨府厢房屋脊细部（来源：李天骄 摄）

2. 乌拉街镇魁府

"魁府"位于乌拉街镇大十字街东约250米,现乌拉街镇政府西侧(图3-2-61)。始建于清光绪元年(1875年)。最早的主人是王魁某,故称为"魁府"。"魁府"是清末东北地区满族的典型四合院建筑,主体建筑为二进四合院(图3-2-62)。正房位于庭院中轴线的最北端,面阔三间,进深二进。东、西厢房也为面阔三间,进深二进,但开间尺寸小于正房,高度略低于正房。正房以及东西厢房均为抬梁式木架结构,硬山小青瓦仰瓦屋面。博风"穿头花"和"枕头花"虽精细但较简单。南面临街处为一面阔三间的倒座,大门设在总体平面的东南角,两侧置有耳房各一间(图3-2-63)。中为拱券形大门,门房外墙两侧有八字撇山影壁,门檐立面以大门为中心,依次叠落成三级。出檐廊后出梢,磨砖对缝,建造精良。墙头、墙脚等处还嵌以漂亮的砖石雕图饰。正房与东西厢房相连的"回廊"至今仍较完好(图3-2-64)。

东、西厢房南侧山墙极具特色,为阶梯状叠落式,由五根高低错落的砖壁柱结合水平向阶梯状墙体,造型独特,是吉林地区民居建筑中的孤例(图3-2-65、图3-2-66)。

图3-2-61　魁府院落鸟瞰(来源:《辽宁吉林黑龙江古建筑》)

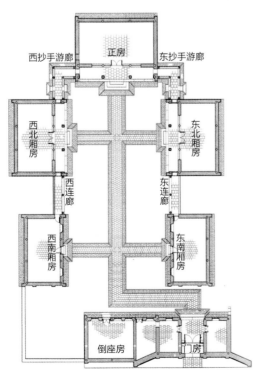

图3-2-62　魁府总平面图(来源:《辽宁吉林黑龙江古建筑》)

图3-2-63　魁府入口大门(来源:《辽宁吉林黑龙江古建筑》)

图3-2-64　魁府"回廊"(来源:李天骄 摄)

图3-2-65　魁府东厢房（来源：李天骄 摄）

图3-2-67　后府建筑全景（来源：李天骄 摄）

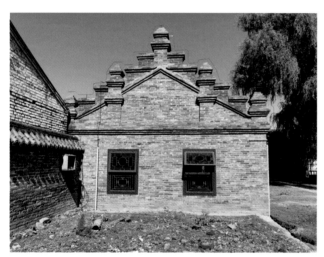

图3-2-66　阶梯状叠落式山墙（来源：李天骄 摄）

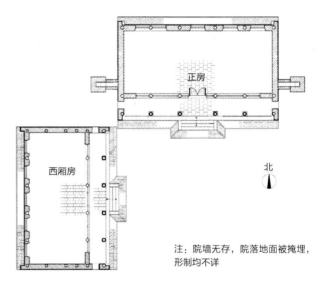

注：院墙无存，院落地面被掩埋，形制均不详

图3-2-68　后府总平面图（来源：《辽宁吉林黑龙江古建筑》）

3. 乌拉街镇后府

"后府"位于乌拉街镇东北隅，现永康路南，建于清光绪六年（1880年），是管理打牲乌拉地方总管三品翼领云生的私人府邸。现仅存正房和西厢房（图3-2-67、图3-2-68）。"后府"是清末东北满族典型的四合院建筑，主体建筑为二进四合院。正房和厢房都为面阔五开间，前出廊，硬山顶，小青瓦仰瓦屋面，为体现严格的等级制度，台基标高比正房低，高度比正房矮（图3-2-69、图3-2-70）。正房面阔五间16.49米，进深2间9.94米，三步台阶，小青瓦干磋仰瓦屋面，落地烟囱，上部设有仿楼阁装饰。正房博风端部的砖雕十分精美且保存完整（图3-2-71）。"枕头花"砖

雕也很精细。两山镶嵌的大型砖雕图案保存较完好，尺寸巨大，大约有1.5米见方，堪称一绝。西侧为"琴棋书画"（图3-2-72），东侧为"双喜花篮"砖雕，迎风石上正面为荷花如意等吉祥图案，背面配以"柿柿如意""平平安安"（图3-2-73、图3-2-74），石雕柱础上有寿字连续纹样与麒麟形象及缠枝云纹（图3-2-75），其雕工精细，是吉林地区石雕的典型代表。

满族先民可以追溯到两千多年前的肃慎人，有自己的语言、文字，其中，满文创制于16世纪末，是借用蒙古文字母创制的。白山黑水，高山密林，溯风大雪，广袤大野，造就了满族人粗犷、豪爽、热情、幽默、自然、质朴、直率真诚

图3-2-69 后府正房现状（来源：李天骄 摄）

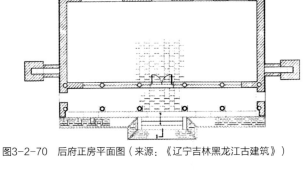

图3-2-70 后府正房平面图（来源：《辽宁吉林黑龙江古建筑》）

图3-2-71 后府正房山墙腰花（来源：李之吉 摄）

图3-2-72 后府正房山墙砖雕"琴棋书画"（来源：李之吉 摄）

图3-2-73 后府迎风石石雕 "福"（来源：李天骄 摄）

图3-2-74 后府迎风石石雕"柿柿如意"（来源：李天骄 摄）

图3-2-75 后府正房柱础石（来源：《辽宁吉林黑龙江古建筑》）

的性格，文化上强勇弱文，对应直接、粗犷、实用、朴实的审美观，满族先民早年多居山地，院落和住宅多建造在狭窄山脊或局促用地之上，院落布局多依山势地形，进深较大呈前后延展发展，这种空间格局影响到后期的建筑布局。永吉

乌拉街满族贵族府邸在吸收中原汉族民居的合院式特点的基础上，形成的地域特征明显的吉林地区满族合院式民居。一改以往满族民居"三合院"为"二进四合院"布局，既有东北传统民居的结构特征，又融合了北京四合院的布局特点，

从而形成了独特的建筑规制，工艺及装饰精美新颖，在吉林满族民居建筑中实属罕见，代表了清末满族民居营造的最高水平，具有重要的文化和研究价值。

三、民居

昔日吉林省地广人稀，从事农耕狩猎的满族百姓"依山做寨，聚其所亲居之"、"凡遇出师、行猎，不论人之多寡，照依族寨而行"，同一亲族的人，往往是同居同迁。后来在八旗制度的统辖下，以"户"为单位，聚居在叫作"屯"的居民点，有以姓氏命名，如"杨屯"、"韩屯"等，也有以八旗命名，如"白旗屯"、"红旗屯"等每"屯"多为30~80户人家，也有上百户的大屯，屯与屯之间一般相距几十公里，交通主要靠骑马和马拉大车，每一屯用栅栏围合，形成一个完整的空间领域。

据乾隆时朝鲜"入燕使节团"朴趾源所撰《热河日记》中记载，他们曾经过一个"刳木树栅"的满族村寨，只见寨外"羊豕弥山，朝烟缭青"，"至栅外，望见栅内闾皆为起王梁，苫草覆盖，而屋脊穹崇，门户整齐。街平直，两沿若引绳，然墙垣皆砖筑，乘车及载车纵横道中，摆列器皿画瓷已见其制度，绝无村野气"，"栅内人家不过二三十户，莫不雄深轩畅"，同宗的家族，世代聚居在一个村落或相邻的几个村落，多数还以本族的姓氏名村。人口少则数十，多则数百，以成为地方的显姓大族为荣。满族先民个人的住所和其氏族、部落的兴衰紧密相连。村屯就是一个完整的小社会，有些村落常常是以几个满族姓氏的族人共居而成，因此形成了"两家子"、"三家子"等村名。满族的这种居住习俗，造就了当今满族"大分散，小聚居"的分布格局。

村落里的普通住宅的平面布置多以正房为主，一般为一正一厢，房屋早期采用木制屋架，外墙采用土筑或用树枝编笆涂灰泥，内隔墙多用木板，屋顶为双坡瓦屋面或覆茅草，木质方格窗棂糊高丽纸，室内标准平面布置俗称为"三间草房四铺炕"，院墙多用木板围成，大门开在正中轴线上。正房选址多在高处，比大门口要高半米左右，围墙低矮通透，

整体建筑四面开敞，视线通透，体现了满族豪爽的民风。

大型的住宅多采用砖墙瓦顶，尺度宽阔，造型雄伟，装饰华美，用料考究。宅院多用高大的外墙围起，大门口设上马石，大门上装狮头铜门环，院心影壁、正房的前廊、窗棂，外墙面以及屋脊做各种花饰，明柱下设石刻柱础等等，都有浓郁的满族传统特色，显示出主人的社会地位和审美情趣，与普通住宅有明显的阶级差异。

1. 永吉县乌拉镇关宅

永吉县乌拉镇关宅是沿南北轴线，以正房为中心对称式布局的满族三合院住宅。沿轴线从南到北依次为雁翅影壁、大门、院心影壁、正房（图3-2-76）。

内院正房、厢房各三间，外院厢房也为三间，前后院子非常宽阔，坐地式烟筒在正房两侧，使全院完整无缺，雄

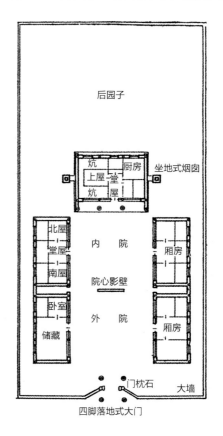

图3-2-76　关宅平面图（来源：《吉林民居》）

伟壮观。外院厢房和内院厢房以廊洞连接，收藏物品方便，内外院用院心影壁来分隔。用影壁既分隔，又遮挡，还增加了空间层次，是满族民居特有做法。红柱大门外露，当地称"四角落地大门"，大门构造简洁，样式高耸，屋顶曲线较为轻快，这是旗人住宅特有的形式。

随着汉族文化与满族文化的融合，满族住宅也吸取了汉族住宅的艺术造型与布局手法，并在此基础上结合当地的气候条件和自然条件，融入满族的风俗、习惯，形成了极具有地方特色的满族住宅。

2. 吉林市顺城街恩宅

吉林市顺城街恩宅是原来京师侍奉西太后的恩祥的住宅。恩宅是沿南北轴线对称式布局的满族四合院住宅（图3-2-77）。较三合院来说，四合院空间更加完整，房间数

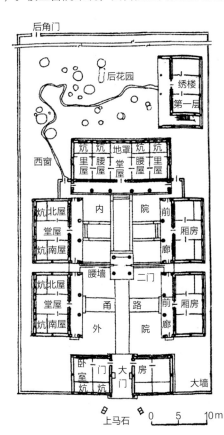

图3-2-77 恩宅平面图（来源：《吉林民居》）

目较多，构造坚固，有局部装饰，极为精致。

住宅规制为五正六厢的大四合院。门房建成五间，硬山式铃铛脊，排山墙面开六角形窗。进门后院呈矩形，宽大舒朗，东西厢房各三间，内外院用腰墙与二门分隔，增加了空间层次。在五开间前出廊的正房北侧，建有庞大的后花园，在后花园东侧建有两层带廊的绣楼三间，以供家人登临眺望使用。

恩宅门房的花脊，在陡板处换雕砖万字图案，在砖心做正圆形，雕透各种花，很是精巧（图3-2-78）。正房踏步石和垂带石都为汉白玉，表面浮雕卧狮，极为精美。恩宅砖影壁下部雕刻有九出戏，雕刻精美，称得上吉林地区住宅中最华丽的一堵影壁。

满族四合院住宅布局受北京四合院住宅影响较大且会根据过去地理相宅书而定，但为适应东北的地域气候，院落空间更为开敞，宽阔，且东西厢房间的距离都为前端稍窄后部稍宽，否则形似"棺"，不吉利。

3. 吉林市三道码头牛宅

吉林市三道码头牛宅是沿南北轴线对称式布局的汉族合院式住宅。以正房前院子为主导空间，沿南北依次布置门房、正房和后正房，主轴中心明确，主次分明（图3-2-79）。

门房采用五间，东西两侧有耳房。正房五间，东西厢房三间，都为前出廊。正房北侧后院的东、西厢房各一

图3-2-78 恩宅大门（来源：《吉林民居》）

间、后正房五间，皆为前出廊。中心院子四角用拐墙连接。正房、厢房皆分离，相互独立，与满族住宅不同，不用廊连接。

牛宅腰墙雕砖细致，雕成二十四出戏，人物生动异常，特别是画心做透雕，线条的立体感很强。正房正檐，前檐山墙墀头每面上下两块雕刻，刻出"榴开百子图"、"喜鹊登梅"等花纹和博古，门窗雁尾座透雕。东厢房的花窗有福寿喜桃等花纹。

东北汉族居民来源复杂，主要由中原移民迁徙而来，在长期与原住民的同化过程中，汉族住宅既沿袭了中原汉族的文化传统，即吸收北京"四合院"特点，又为适应当地气候，院落空间变得开阔，房屋的进深减小、墙体的厚度增加和门窗的尺寸缩小。并充分利用地方材料，形成地域特征明显的吉林地区合院民居。

大规模的人口流动，带来不同形式的交融汇集，土坯作为农耕文明的产物，被普遍使用。在一半的墙身处采用石材或砖，形成半截"虎皮墙"的效果（图3-2-80、图3-2-81）。

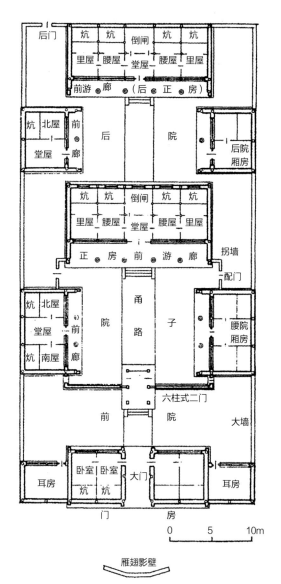

图3-2-79 吉林市三道码头牛宅（来源：《吉林民居》）

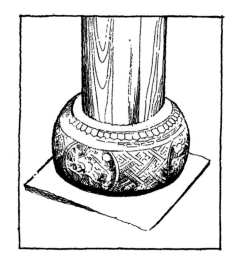

图3-2-80 牛宅二门柱础石（来源：《吉林民居》）

图3-2-81 牛宅二门穿头砖（来源：《吉林民居》）

4. 王百川居宅旧址

位于吉林市船营区德胜路47号。1999年被吉林省人民政府公布为第五批省级文物保护单位（图3-2-82）。

王百川居宅建于1932年。原为二进四合院建筑。有正房一座，另有东西配庑各两座，门房两座，建筑格局采用南北中轴线布局，坐北朝南。前院有门房7间，对开大门1间，东西厢房3间（图3-2-83）。正对大门有一道精雕细刻的屏风影壁，绕过壁前的是一道砖砌的花墙，在花墙的正中建有一座垂花门，门有前后两道双推式门扇，中间形成门斗空间。后院有正房7间，东西厢房各5间（图3-2-84、图3-2-85）。房屋的高度和跨度较大，磨砖对缝，施工精良。正房与东西厢房前均有木质红漆明柱，正房与厢房之间有回廊相通，室外建有高大的院墙，在院墙四角有角门。

王百川居宅是典型的东北民居建筑。在中国传统四合院格局的基础上，融合了满族民居特色。硬山合瓦屋面，厢房之间的距离前端稍窄后端稍宽，正房宽大，厢房窄小，地面依次抬高，为典型的"步步高"做法，主次分明，长幼有序。室内万字炕灶布局和格子窗绘图多具满族风俗特色。

5. 牛子厚住宅

牛家为东北巨富，是清末"北方四大家"之一。牛宅建于清同治元年（1862年），同治三年（1864年）竣工。坐落在吉林省吉林市珲春街牛宅胡同，住宅垂花门做工精细

图3-2-82 王百川居宅旧址鸟瞰图（来源：吉林市满族博物馆 提供）

图3-2-84 王百川大院内院（吉林市满族博物馆 提供）

图3-2-83 王百川大院外景（来源：吉林市满族博物馆 提供）

图3-2-85 王百川大院厢房（来源：吉林市满族博物馆 提供）

讲究，两侧腰墙以条石为基础，磨砖对缝。上部及中部共有24出砖雕戏剧故事，画心做透雕，人物生动，立体感强，反映出房主人对中国京剧艺术的酷爱。内院正房高大，5开间，前廊为抱厦式，这也是牛宅建筑与众不同之处（图3-2-86）。牛宅正房前廊的每个檐柱上都悬有抱柱楹联，顶部为典型的过垄脊抱厦式结构（图3-2-87）。

正房大花窗形式为支摘窗（图3-2-88）。上扇做双菱花格，里面糊白纸；下扇装玻璃，明亮透光。白天外扇纸窗支起，下扇纸窗摘下。夜间全关上，既保暖又美观。

6. 范家大院

伊通满族自治县景台镇的范家大院是吉林省一处保存基本完好的清代四合院民居（图3-2-89）。始建于清嘉庆年间，是典型的满族民居建筑四合院。坐北朝南，南北长56米，东西宽46米，总占地面积为2576平方米（图3-2-90）。现存建筑包括正房、东厢房、西厢房及院墙，整体呈中轴对称式。正房位于最北侧，南向，硬山顶，东西两侧各有一伸出山墙的烟囱，中间有烟道与主体建筑相连（图3-2-91、图3-2-92）。正房左右两侧为东西厢房（图3-2-93、图3-2-94），在正房与东西厢房之间有"L"形砖墙将其相连，墙下建有砖券拱门通往后院（图3-2-95）。原南侧建有一房及影壁墙。正房宽大，厢房窄小，主次分明。单体建筑风格简洁硬朗，装饰较少，正房山墙两侧各有一块团花雕砖，正房和厢房檐角处均有带雕砖的博风，图案按

图3-2-86　牛子厚住宅二门（垂花门）及两侧戏剧故事砖雕（来源：《吉林旧影》）

图3-2-88　牛子厚住宅正房大花窗（来源：《吉林旧影》）

图3-2-87　牛子厚住宅正房前廊（来源：《吉林旧影》）

图3-2-89　范家大院全景（来源：李天骄 摄）

方位不同。整体院落空间宽敞开阔，是对称规整且特征明显的满族合院式民居。大院南山还保存一座年代待考的儒林郎石碑，而门楣与屋脊建筑中的砖雕、石雕、木雕等民间艺术品，仍清晰可读。

图3-2-92 范家大院正房西立面（来源：李天骄 摄）

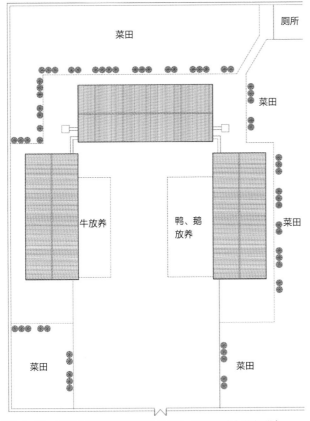
图3-2-90 范家大院总平面现状图（来源：吉林建筑大学 提供）

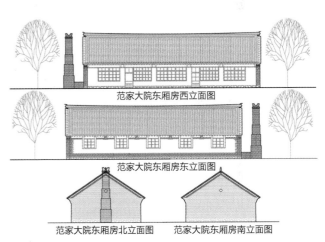
图3-2-93 范家大院东厢房平面、立面、剖面图（来源：吉林建筑大学提供）

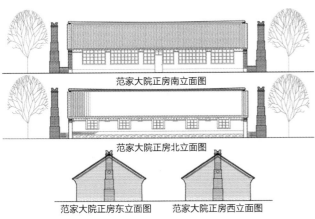
图3-2-91 范家大院正房平面、立面、剖面图（来源：吉林建筑大学提供）

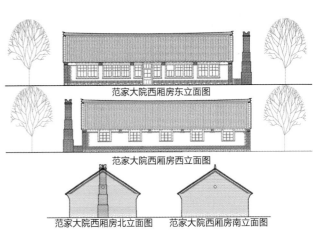
图3-2-94 范家大院西厢房平面、立面、剖面图（来源：吉林建筑大学提供）

图3-2-95　范家大院角门（来源：李天骄 摄）

7. 汉族土坯房

"草坯房"或称"土坯房"（图3-2-96）。"土坯房子篱笆寨"，是民间百姓对这种房屋的概括。老百姓用草和泥和在一起，按在固定的模子中，做成一块块一尺长短的土砖，叫"坯"。在阳光下晾干，用来垒屋。土坯盖房，冬暖夏凉，经济实惠，是一种可持续性的生态住宅形式。草在土坯中起到拉结作用，加强了土坯的整体性。土坯房的屋顶，一般用较长而韧性更好的干草建造。用一把干草蘸到和好的泥里，双手反向一拧，泥挤到草的缝隙间，称为"泥辫子"。用这种泥辫子铺到屋顶上，层层覆盖，便形成既保暖，又轻巧的土坯房屋顶。在泥辫子铺放的屋檐处，用剪刀精心剪裁，形成整齐的檐口，显得很精致。所谓"篱笆寨"就是篱笆墙。平原地带盛产柳条、秫秸，篱笆墙多用这一类枝条为材料，用篱笆墙围成一个院落，就形成一个自家独有的室外空间。同时，篱笆墙也可防野兽进入袭击禽畜，离窗户近的篱笆墙，还可起到挡风、遮雨的作用（图3-2-96）。

图3-2-96　永吉县学古屯住宅草辫墙（来源：《吉林民居》）

第三节　传统建筑特征解析

一、空间组织特色

1. 效仿中原，多元互补的整体格局

吉林省中部地区与中原文化的交流较多，受影响很大。代表的佛教、道教、伊斯兰教等都以院落式布局组织空间，在选址布局、空间组织中会有微差。建筑形式以官式建筑和地方做法结合为主，形式规整，出现一轴、多轴的布局形式，居高位尊等风水格局也日趋完善。

清朝时期，回民大量迁入东北，围寺而居的聚落形态在东北地区初步形成。吉林省地区清真寺建筑吸取了中国传统建筑的院落式布局形式，但与其以南北轴线控制布局的形式不同，清真寺根据伊斯兰宗教习惯，穆斯林礼拜的时候必须朝着伊斯兰教圣地——麦加，麦加位于中国西方。因此，清真寺形成以东西轴线控制院落布局形式，沿轴线依次为大门、正殿、望月楼，并以正殿作为核心空间进行展开。清真寺单体建筑形制结合了满、汉居住建筑形式，但在装饰纹样与彩画上，又体现了伊斯兰建筑的装饰特点，形成了地域特色极强的东北地区清真寺建筑。

2. 功能实用，简单明晰的居住院落空间

东北地区汉族的传统民居，根据大小分为大型住宅和小型住宅两种类型，在民居的布局上有显著的不同，以合院式民居为基本建筑形式。所谓"四合院"，又称"四合房"，在东北是一种习惯性的称呼，一般是指由东西南北四面围合的青砖瓦房加院墙构成的独立宅院，但也可包括三面房舍和一面门楼的"三合院"，汉族民居在布局和平面构成以及细部的处理上，习惯模仿传统的合院建筑形式，但为了适应寒冷的气候条件，在建筑物细部处理上有很多变化，如多采用单扇门、墙壁的厚度增加、窗户的大小缩小等等。其中，王公贵戚、高官富商所住四合院最为气派。宅院平面纵向长，横向短，一般在南面设有三间屋宇式大门，正中一间是出入的"门洞"，旁边两间则是"倒座"的门房，供守门人或佣

人居住。正对大门外的是高大的影壁墙，门前有上马石和拴马桩。院子多为两进，中间或设二门或建院心影壁分隔成内外院。外院两侧建小厢房，主人所居内院正房五间，东西厢房各三间，正房之北，有的还建供存放物品和仆人居住的后罩房，一般也是五间。房屋样式基本都是青砖小瓦、硬山到顶，正脊、戗檐、腿子墙等部位装饰砖雕或石雕。

满族住宅的院落空间布局多为一进或二进，只有少数权贵的院落建成三进以上的套院。院落平面由南北轴线所控制，以单向纵深发展的空间序列形式为主。民居院落多采用一明二暗的组合形式，受生活、生产方式、环境和气候的影响，院落布局空间舒朗开阔。院落布局在一字形原型基础上组合而成，组合正房、厢房和院落空间，厢房之间的距离前端稍窄后端稍宽，正房宽大，厢房窄小，主次分明。院落分为前院、后院、侧院等，前院功能较为综合，兼顾生产和种植，后院与侧院兼顾养殖和家务，早期建筑高墙封闭，呈现较强的防御性，常见于规模大、形制高的大型宅院。后出现多元化的形式，在正房与院落的结合方式上，从简单的围合到多进院的构成，结合拐子墙等特殊形式，形成复合而又开阔的院落空间。总之，硬朗的单体建筑，独特的建筑小品，结合院落的层级布局，宽敞的院落空间尺度，形成对称规整且特征明显的吉林地区满族合院式民居。

二、单体与装饰特征

1. 规整硬朗的单体形式

"硬山"是满族民居的典型特征，单体建筑正房平面一般为三开间、五开间或七开间，进深六架椽，一般前后不出廊，在入口处接出平台形成一个室内外的过渡空间。建筑单体外观形体规整，形式变化不大，立面多为台基、屋身和屋顶组成的三段式，毛石或条石基础，砖质墙身，高度较高，多三侧封闭仅南侧开窗，两侧多开水平向大窗，中间多为门联窗，屋顶多为两坡顶，一般采用青灰色的板瓦，做成"仰瓦屋面"，为减少单薄感，在两端做两或三垄合瓦压边，檐口有滴水，屋面曲度较大，屋身与墙体比例接近

1∶1。烟囱是建筑立面的一个重要组成部分，一般在山墙的一侧或两侧做落地式的独立烟囱，与房屋通过高于地面的水平烟道连接，又称"跨海烟囱"。其个数与位置不限，以室内烧炕走烟的需要来定。烟囱下大上小如塔状，满语称"呼兰"，高过屋檐数尺，距主体建筑一到两米，是早期木质烟囱防火处理手法的延续。烟囱顶部多做简单造型有叠涩花瓣等多种形状，与主体建筑的屋脊花饰相互呼应。建筑外观整体色调灰暗，装饰性构件较少，形成朴素厚重的建筑像。

2. 实用多元的炕居模式

从早期的"口袋房"发展到"对面屋"这种住宅形式，开门一间俗称"外地"，是以厨房为主的空间，两侧俗称"里屋"是居住空间。卧室环室三面做火炕，东西炕加上南北山墙的条炕，形成满族民居中独具特色的"万字炕"。火炕技术的进步，带来空间尺度的加大和室内功能的多样，出现了"连二"炕等多种空间形式。居住功能之外附属的生活生产功能结合民族传统和祭祀要求，以炕为中心，衍生出多种家具和室内做法。西炕是室内最重要的空间，较窄，仅500~600毫米，设摆香案，不住人，供奉祖宗神位；南北炕同宽，南炕为长辈老人居住，北炕为小辈居住。室内分隔多采用木质隔断，形成地罩、炕罩结合"幔杆"等特色做法，灵活界定公共空间和私密空间，强化了炕在室内的重要性，满足了休息空间和活动空间的双重需求。炕从简单的火灶体系下采暖设施，到室内微环境营造，到复合空间的格局形成，是中原文化与满族寝居的结合，最终形成特色鲜明、丰富多样的炕居模式（图3-3-1）。

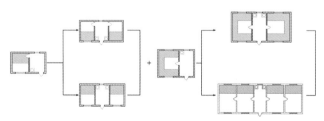

图3-3-1　炕居模式分析图（来源：李亮亮 绘）

3. 多元互补的装饰题材

建筑整体讲求实用性少装饰，简单大气，注重重点部位的处理，主题以表达平安、吉祥、富贵为主，线脚和花饰朴实生动，是地方特色和中原传统相结合的产物。满族的传统装饰题材丰富，包括以满族信仰为主导的动物纹样、以满族生产方式为蓝本的植物纹样、以满族文字和萨满文化为主导的象征纹样，与中原的宝象图案相互融合，形成多元互补的装饰形式。建筑装饰多集中在山墙、屋脊、门窗等位置，做重点装饰纹样。一种是整个硬山墙的前脸，先在檐下做一个手巾布子，磨砖线条小挂落。两个立柱内镶砖雕，腰线也以砖刻。在山面还做出木制的麻檐板即博风板，板头还设一圆形雕刻。吉林地区民居大宅，在迟头关键部位进行重点雕刻。还会在"腰花"以及山坠部位进行。山墙部分多做腰花（图3-3-2），墙垛处腿子墙设迎风石（图3-3-3），腿子墙和檐部交接处设"枕头花"，以万字纹、牡丹等吉祥图案为主（图3-3-4）；屋顶正脊宽大，多用瓦片或花砖装饰，俗称"花脊瓦"或"玲珑瓦"，拼出银锭、鱼鳞、锁链、轱辘钱等吉祥图案，脊头做鳌尖、龙头凤尾等图案（图3-3-5），屋脊中央还有蝙蝠、双钱、莲花、荷花等寓意福寿绵长、财源广进、吉祥如意的造型（图3-3-6、图3-3-7），影壁多为磨砖对缝，加砖雕装饰，砖雕图案多以花卉或传说故事为题材（图3-3-8）；门窗花饰做法多，从早期的"马三剑"到盘肠、万字、方胜、喜字灯多种形式，去繁求简，无规律讲随意，形成形似但细部和精致程度逊于中原的装饰，普通民居的门窗多以步步锦和直棱窗为主（图3-3-9）；室内多做吊顶装饰，普通民居采用"船底棚"的形式，结合"幔帐"和"幔杆"，炕形成舒适的室内小环境，官宅多采用海墁天花，与木质隔断有机结合。在吉林地区民居大宅之中最常见的是三雕：一为木雕，二为石雕，三为砖雕。这三种雕刻在当地民居装饰主面极为普遍，其内容多以松、竹、梅、兰为四大重点雕刻，木雕主要用于大梁坨坨头。技术的进步与材料的丰富使吉林中部的建筑发生巨大变化，地方建筑的历史片段与中原文化交融，形成满汉、满蒙、满朝多重形式的融合，同时建筑形式更加接近成熟、完善的汉族民居建造模式。

图3-3-2　吉林市乌拉街镇后府西厢房山墙腰花（来源：王亮 摄）

图3-3-3　吉林市通天区湖广会馆胡同牛宅门迎风石（来源：《吉林民居》）

图3-3-4　砖雕细部（来源：李天骄 摄）

图3-3-5　黄鱼脊头（来源：李天骄 摄）

图3-3-6　黄鱼正脊（来源：李天骄 摄）

图3-3-7　屋脊细部装饰（来源：肖帅 摄）

图3-3-8　影壁砖雕（来源：肖帅 摄）

图3-3-9　鹿圈子村满族民居窗饰（来源：李天骄 摄）

4. 建筑小品

（1）影壁

院子入口处多设有"影壁墙"，也叫"照壁"。按做法不同可分为砖影壁、土影壁和木影壁。影壁多和围墙的材质相同，砖影壁多由壁座、壁身、壁顶组成，体量与主体房屋对应，多在壁身做装饰，风格古朴（图3-3-10）。土影壁的壁基多为毛石垫底，用草辫加泥砌筑，屋顶做法与房屋相同。木板影壁是吉林的特殊建筑小品，木材丰富，取材方便，与木质围墙一脉相承，吉林市北关住宅木板影壁墙做成一高两低式，影壁座用立方形夹杆石夹立四根立柱，上下穿横梁，中嵌木板做成方形壁心，上做双坡木板顶，饰有精美花饰，造型优美。

（2）索罗杆

在影壁后，竖立一根长约九尺，碗口粗细的木杆子，杆下堆石三块，称神石，杆上端贯一斗，或木斗，或草把，此杆称为"索罗杆子"。传说，当年老汗王努尔哈赤年轻时，手持索罗杆，头顶北斗星，在长白山采挖人参，艰苦创业，后来打下江山，这索罗杆就代表他用的索罗棍。杆上的斗或草把，是放五谷杂粮和猪杂碎的，以供奉乌鸦、喜鹊等，因为它们曾救过努尔哈赤的命。影壁和神杆是满族住宅的独特标记（图3-3-11）。也有部分"索罗杆子"立在房前左侧，满族民居虽然采用了汉族住房的一些建筑材料、建筑形式和构造做法，但从本质上分析，主要是穴居屋和半穴居屋迁升到地面的形式转变，是原创文明的发展和改进。

（3）烟囱

烟囱，是房屋走烟过火的"设备"，又叫"烟道"，因高于房墙，又称之为"烟突"。满族的烟囱形式非常有特色，不是建在山墙上方的屋顶，也不是从房顶中间伸出来，而是落地的独立式烟囱。早期多用空心整木，也可用木板围成，也有采用土坯砌筑，后来多为砖砌筑。烟囱底部有窝风巢，以回挡逆风，使烟道通畅，又不易倒塌。外观粗大敦实，远远望去，有如"炮台"、"瞭望台"一般。其个数和位置不定，按室内烧炕走烟的需要设定。烟囱的形状成塔状，下部在高出地面30厘米左右建水平烟道与室内相连，民间又称之为"跨海烟囱"、"落地烟囱"，满语称为"呼兰"（图3-3-12～图3-3-14）。烟筒脖子直接建在地面上或高出地面一段距离，下面以木架支撑。有些人家利用下面的空间做鸡窝、狗窝等，里面很温暖。

图3-3-10　吉林市北极门外住宅砖造影壁（来源：《吉林民居》）

图3-3-11　索罗杆（来源：李天骄 摄）

图3-3-12　满族老宅土坯修造的"呼兰"（来源：李天骄 摄）

图3-3-13　黄鱼村满族住宅砖砌"呼兰"（来源：吉林建筑大学 提供）

图3-3-14　黄鱼村满族住宅立面图（来源：吉林建筑大学 提供）

三、材料与工艺特征

1. 去繁求简的木砖石工艺

中部地区经济发达，石材和青砖广泛使用。在墙基垫石、柱础、墙身、角石、台阶、甬路、火炕等处多采用石材，屋身为木质框架，墙身多用青砖。传统建筑的最初用石源于就地取材和造价低廉，采用石材的地方也是建筑的受力构件和易损位置（图3-3-15、图3-3-16），后期演变为重点装饰部位，石材多为青灰色，加工工艺粗犷，造型简单；墙身前檐墙上部为窗，下部为砖墙，后檐墙和山墙青砖满砌；台基多为青砖和石材结合；木结构基本是枓栱式的梁柱结构体系，木构尺寸偏大，局部有抬梁式与穿斗式结合形成

图3-3-15　吉林市乌拉街镇魁府大门迎风石（来源：赵艺 摄）

图3-3-16　吉林市乌拉街镇魁府大门细部（来源：赵艺 摄）

"通天柱"这一地方做法，室内空间整体通透开阔（图3-3-17）；砖墙与木柱交接处砖墙满砌，少数在勒脚处留通风口，不同于中原的"八字形"做法；门窗、窗台板、炕沿板采用木材，其中窗台板与炕沿板多为整块木材制作，长度多为一个开间的宽度，厚度超过青砖，加工工艺简单，窗台板和炕沿板均侧重厚度和长度，极少数有简单的图案装饰，是主人财富和地位的重要象征。重实用、轻装饰的工艺特色，形成建筑稳重古朴的外观特征。

2. 吸收创新的本土建造

早期先民的筑屋理念结合对汉文化的吸收和学习，形成南北纵向轴线为主的空间序列和由低到高的竖向设计，结合寒地特色及对中原建造技术的借鉴，形成吉林传统建筑的基本构造和地方特色。传统的居住方式和生活习惯，形成开敞通透的室内空间和宽大松散的院落格局。炕的常见砌制方法是在屋内靠墙横砌四道60厘米左右的矮墙，中间两道墙之间一般封死，成正方形。四道矮墙上方安铺大的薄石板，石板上涂上一层拌有"羊胶"的稀黄泥，以灶火烧烤烘干，灶坑中飘进炕洞里的烟，会顺着两边的炕洞走到屋子东西墙外的烟筒里，飘向空中（图3-2-18）。俗称"七层锅台八层炕"，即炕墙一般以八层土坯砌成，其长度即是屋的长度，宽度一般比一个人的高度略长（图3-2-19）。应用火炕的原理，满族人还发明了暖阁。

图3-3-17　木构结构（来源：李天骄 摄）

　　墙体厚重，北墙和山墙厚度可达600毫米，常做在北侧设平行隔墙，形成夹层，做冷藏室或储层空间使用，南墙厚度多为400毫米到500毫米，主要面积被门窗占用，既能吸收阳光，又有良好的保温措施；土被广泛使用，做墙体、饰面、黏结材料、地面装饰等，取材方便，造价低廉；结构多采用枚檩式，以七檩七枚居多，但梁架木径普遍偏大，跨度大，空间较高，通透开敞；室内常做吊顶装饰，为保持木屋架的干燥，设置多个通风口，通风口多为圆形，有花卉图案或钱币造型装饰（图3-2-20）；有落地烟筒等建筑构件延续使用，居高为尊做法的院落布局，在沿袭先民习惯和地域文化的同时，与中原传统既学习借鉴又个性鲜明。

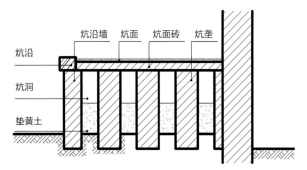

图3-3-19　火炕剖面（来源：吉林建筑大学 提供）

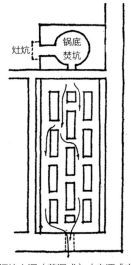

图3-3-18　四洞土坯炕火洞（花洞式）（来源《吉林民居》）

图3-3-20　通风口细部（来源：李天骄 摄）

第四章　吉林省西部地区传统建筑解析

吉林省西部地区与内蒙古接壤。草原、湿地遍布。历史上以游牧文化为主，是辽金政权重要的活动地带和统治区域之一。清代以来，蒙汉文化交融，传统建筑类型丰富。根据现存状况主要可以分为以下几种类型：1. 城址——以辽金时期为主；2. 建筑——以清朝的宗教建筑、府邸衙署以及西部地区特有的碱土囤顶民居、蒙古族民居为主。

根据吉林省现行行政区划，吉林省西部包括以下区域：1. 白城地区（白城、洮南、镇赉、大安、通榆）；2. 松原地区（松原、乾安、扶余、长岭、前郭）；3. 四平地区（双辽、伊通、公主岭）（图4-1-1）。

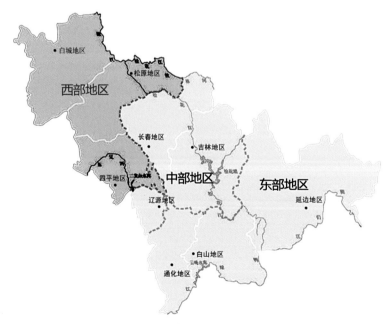

图4-1-1　吉林省西部地区区位示意图（来源：自绘）

第一节　概述

一、自然环境

　　吉林省西部地区地貌为平原，分为草甸、湖泊、湿地和沙地。属于半干旱、亚湿润农牧交错地带，属冲积平原，是松辽平原农业区向西部草原牧区过渡地带（图4-1-2）。境内西北高，中间低，东南、东北略有隆起。中部是广阔无垠的大平原，海拔130～140米，其面积占总面积的73.6%。东南部是黄土台地，为松花江与西辽河的分水岭，海拔220～285米；东北部亦为黄土台地，海拔200～260米；西南部和南部广泛分布着西北一东南走向的大小沙丘、沙垄，海拔多为180～210米；西北部为大兴安岭东麓，海拔300～660米。本区丘陵面积约占2.95%，低洼地面积约占10.21%。西部气候属温带大陆性季风气候，气候宜人。

　　吉林省西部地处亚湿润地带，具有少雨干旱，春季大风频繁的特征，加上具有疏松沙质地表，具有土地发生沙碱化的潜质，位于我国乃至亚欧大陆沙碱化地区的东缘，生态环境具有明显的脆弱性。

　　全区年降水量在400～500毫米，由于受地形、地势及气候的影响，降水的时空分布很不均匀。特点是年内分配不均，年际变化大，地区间有较大的差别。据统计资料分析，在时间上，年内降水主要集中在夏季（6—8月），降水量占全年的71.2%。其他季节降水较少，秋季（9—11月）占全年的11.5%，冬季（12—2月）占全年1.5%。在空间上，镇赉、洮安降水偏少；东部扶余、三岔河降水偏多，全区年降水量在空间分布的差异由西北向东南递增。

　　西部地区湖泊众多，有五条主要河流松花江、第二松花江、嫩江、挑儿河、拉林河从境内穿过，此外，还有霍林河、蛟流河、二龙河等季节性河流。泡沼中以月亮泡、查干泡、向海泡、黑鱼泡为代表。[①]

　　西部地区草地资源丰富，草场占地辽阔，大片集中，草质好，尤以盛产羊草而闻名，适宜发展畜牧业，自古就是游牧民族的生息之所。西部地区盐碱地主要分布在中间部分

图4-1-2　吉林省通榆县向海湿地（来源：郭锐 摄）

①　许振文，张志. 吉林省西部生态环境与可持续发展现状分析［J］. 长春师范学院学报，2005（02）：44-48.

低平原地区，土壤类型以草甸碱土、草甸盐土和盐碱化土壤为主。

二、历史文化

吉林西部地区的早期人类形成了白城、大安、镇赉、长岭地区逐水草而居的游牧渔猎文化类型。该地区古代先民为东胡族系。东胡大致活动在吉林西部及辽宁和黑龙江西部。春秋时势力强大。大约在秦初，东胡族被匈奴击溃，分化为乌恒和鲜卑两支。乌桓在汉末被曹魏所灭，南迁中原，与汉族融合；鲜卑后分化为慕容部、拓跋部、宇文部，进入中原，先后建立了燕、魏、北周等政权。

吉林西部地区的历史文化起源于石器时代。距今约5万至1万年前，吉林西部地区已有诸如"青山头人"的古人类分布。距今约1万年至4000年左右，吉林进入新石器时代，此时西部地区以草原沙丘地区、松花江流域的腰井子文化为主，该时期典型代表有：镇赉县马场北山遗址、长岭县腰井子遗址、前郭县青头山墓葬、白城靶山墓地、大安洮儿河下游石岸遗址、洮安县双塔屯遗址、扶余北长岗子遗址等。公元前2000年前后的青铜器时期，西部地区以松嫩平原秽貊族系的大安汉书文化为主，该时期典型代表有：大安东山头墓葬、大安汉书遗址、镇赉向阳南岗子墓葬、镇赉北岗子墓葬等。

在铁器时代，吉林西部地区分布有于西汉初年，发源于松辽平原、松花江流域、辽河流域的秽貊族系的夫余文明。

夫余属东北古代汉族以外的三大族系中最早建立民族政权的秽貊族系，他们在大约西汉初年，以松辽平原腹地的吉林市为中心，在松花江流域建立了东北历史上第一个少数民族政权——夫余王国。夫余的旧都"秽城"在今吉林市，后迁都长春市农安县。夫余族以农业为主，畜牧业很发达，手工业也较发达，夫余王国拥有相当完备的统治机构和数万规模的军队，颁布了"用刑严急"的法律。全盛时疆域达到方圆两千里，辖民八万余户。其创造了东北诸族中仅次于汉族的物质文明与精神文明。

在西部的洮南市，现遗存有辽金时期的城四家子城址。在东部的四平市，现遗存有辽金时期的偏脸城遗址。在白城市的镇赉县有元代的后少力遗址。

第二节　典型建筑

一、城址

1. 城四家子古城

城四家子古城位于吉林省洮南市东北9公里洮儿河北岸，北距德顺乡3.5公里，其东北2公里是清代的双塔。是辽金时期城址，因早年间古城中住着包、佟、周、张4姓而得名。城址历经四4朝文化，曾是吉林省西部地区重要的政治、经济、文化、军事中心。1961年，公布为吉林省重点文物保护单位。2006年被列为第六批全国重点文物保护单位（图4-2-1）。

城四家子古城平面略呈方形。南北向呈轴线式布局，两侧为凹凸不平的土包。城墙夯土版筑，周长5748米，城墙除西墙被洮儿河水冲去大半，残长483米以外，其余3面保存较好。现存护城河距离城墙20～40米，河宽5～7米，洮儿河是护城河的水源（图4-2-2）。

四面城墙，修有稍高出墙顶的马面。该城与其他辽、金

图4-2-1　城四家子2015年窑址发掘区全景照（来源：吉林省文物考古研究所 提供）

城不同之处是马面不仅突出城垣外面，而且向墙内面突出。城四角建有角楼，西、北、西南两座角楼被洮儿河水冲毁，东北和东南两角楼遭到部分破坏，尚存高耸的圆形基台（图4-2-3），东南角楼遗址保存较好，直径40～44米。城有4门，南、北2门在墙垣正中，东、西2门分别设在墙的南段。4门宽度不一，东门宽8米，南门宽15米，西门宽12米，北门

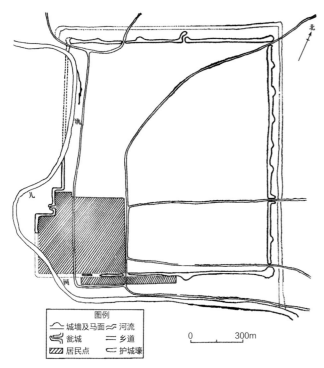

图4-2-2　城四家子古城平面图（来源：《吉林省地下文物考古发现与研究》）

宽11米，门外都设有瓮城。东、西瓮城外门口向南开，南、北瓮城外门口向东开。四座瓮城中西面的最大，形制也比较特殊，瓮城西墙不是弧形而是直线，这种变化与面临洮儿河有关。

城四家子古城址是目前东北地区保存较为完整的，规模最大的辽金平原城。古城整体规划布局严谨，其形制及结构都具备辽金时期城址的普遍特征。城四家子古城从兴盛到逐渐衰败历经了四百多年的历史，遗存的城址为辽金时期的城市的各方面研究提供了众多实例资料，具有不可估量的重要价值。

2. 梨树偏脸城

偏脸城位于梨树县白山乡岫岩村北白山冈南坡上，为辽、金时期城址。偏脸城的蒙古语为阿拉木图城，意为梨树城，前临昭苏太河，背倚白山丘陵，南距梨树镇约4公里，是重要城镇和交通要塞，还曾幽禁过大宋的两朝君主。城内部分现已辟为村落与耕地。1961年，被公布为吉林省重点文物保护单位，2006年5月25日，被国务院批准为第六批全国重点文物保护单位（图4-2-4）。

偏脸城依山势修建，城址平面为斜长方形，被地势高低分为南、北两部分，南低北高。偏脸城四面城墙，周长4318米，城墙各开一门（图4-2-5）。东、西两门开在两墙正中。南、北两门开在两墙偏东部。各门均有瓮城，形似马

图4-2-3　建筑台基（来源：吉林省文物考古研究所 提供）

图4-2-4　偏脸城城址（来源：网络）

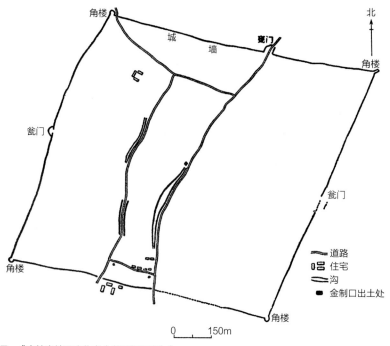

图4-2-5 偏脸城平面图（来源：《吉林省地下文物考古发现与研究》）

蹄。城四角设有角楼，角楼台基呈圆形。西北两墙外，有护城河遗迹，宽约20米。

城内有两条南北走向的天然沟堑，从城中偏北部发端，顺着山势穿过南城墙直达昭苏太河。西侧一条沟长约520米，在南门西侧约200米处穿过南城墙。东侧一条沟长约410米，与贯通南、北2门的城中大道并行。

偏脸城城址选择背山面水。城市布局合理，结构严谨，其结构与形制具有辽金时期城市的普遍特征。城墙为夯筑，夯土层厚10～15厘米，采用黄黏土和黑土间杂分层夯筑，工艺成熟，作为辽金时期重要的古城遗址，有着很高的研究价值。

二、建筑

（一）宗教建筑

1. 洮南双塔

洮南双塔位于吉林省洮南市德顺乡双塔屯，是东西并列

的两座青砖砌筑的喇嘛塔，为"梵通寺"主持罗卜僧却德尔和阿旺散布丹两位喇嘛的骨灰塔，建于清崇德年间（1636—1643年），原名"保安塔"，俗称双塔。1981年，吉林省人民政府公布该遗址为吉林省重点文物保护单位。2013年，被国务院批准为第七批全国重点文物保护单位（图4-2-6）。

两塔相距23.8米，为典型的喇嘛塔造型，通高13米，青砖砌筑，白灰抹缝。两塔装饰图案大体相同，除塔基外塔身布满浮雕、梵文经咒和彩绘图案装饰。塔由台基、塔身、塔刹三部分组成。台基下部为方形，用青砖砌筑成阶梯状，未加任何装饰。台基上部为方形须弥座，四角有方形角柱，两角柱间有施彩绘的大型浮砖，正中图案是三颗火焰宝珠，两侧各有一狮子造型（图4-2-7）。

塔身上部为覆钵形，下部为台阶座。上部呈白色，在覆钵的肩部有浮雕兽头八个。两塔均在南面开券状龛门，门边饰花纹图案。两龛门大小相同，高1.25米，宽1米，进深0.35米，各置木扉一扇，涂红漆。下部台阶座均用梵文经咒浮雕围绕，其文为"唵嘛尼叭咪哄"六字真言。东塔为三级圆形台阶，西塔为四级方形台阶。两塔通体以白垩为基础

色调。塔刹为铜质，重百余斤，由日、月和莲瓣伞构成，底部悬四个铜铃。塔刹下接逐渐加粗的实心塔干，上有白色相轮十三重，层层都有梵文浮雕。洮南双塔虽然建造时间比较晚，但却是中国古代喇嘛塔最北端的实例。

洮南双塔的建造融合了东北古代民族的地域文化和宗教信仰，其结构造型、配色彩绘以及装饰等集藏、蒙、汉民族特色和佛教文化于一体，内涵丰富，生动鲜明，是多民族文化交流的载体，对宗教信仰、民族特色或地域文化的研究都具有重要的意义。

2. 扶余三母庙

扶余（今松原市）南门郊外的三母庙（已毁），建于1916年前后，祭祀中国古代孟母等几位贤母和其他儒、道诸神。不同于其他庙宇的大殿形制，为三殿并排而建，该形制极为少见（图4-2-8）。每殿均为二层，三开间，青砖砌

筑，硬山到顶，山墙还装饰有山坠及石雕腰花，做工精细。墀头（腿子墙）整体为石材砌筑，纹饰精美；一层檐廊进一步突出，墀头亦为整体石材。屋脊平直，为透雕花脊，中设宝顶。三殿前部均设花砖矮墙，既与本殿形成围合，又使三殿整体形成韵律。是吉林乃至全国极具特色的宗教建筑。

（二）府邸衙署

1. 天恩地局

天恩地局位于吉林省洮南市兴隆街中段北侧（图4-2-9）。始建于光绪二十九年（1903年）。光绪皇帝为鼓励移民开边垦荒，赐封扎萨克图郡王旗"蒙荒行局"。后赐金匾，上刻镀金阴文"天恩地局"四字，天恩地局由此得名。2007年5月，被吉林省人民政府批准为第六批吉林省重点文物保护单位。

图4-2-6 洮南双塔（来源：申市兴 提供）

图4-2-8 扶余三母庙（来源：房友良 提供）

图4-2-7 洮南双塔细部（来源：《辽宁吉林黑龙江古建筑》）

图4-2-9 天恩地局（来源：洮南市文物管理所）

天恩地局现占地面积约为6670平方米，建筑面积约1500平方米，现存建筑面积600平方米。现作为洮南市文物管理所和洮南市博物馆使用。天恩地局坐北朝南，结构布局严谨，形式古朴，为"两进王府衙门式"中式古建筑。其前门为东西双开，面向当时人流熙攘、繁华一时的兴隆街。院内有正房、厢房、门房、照壁以及明廊，整体院落布局呈中轴对称式（图4-2-10～图4-2-12）。天恩地局是典型的砖木结构建筑，硬山顶青砖墙，墙体采用外侧砌砖、内侧砌筑砖坯的方法。廊前均有红漆明柱，屋顶为"雁式滚脊小青瓦"，檐溜瓦头"雄狮头瓦"，立面采用支摘窗、木质门、

砖雕、石雕、彩绘等，飞檐翘角，精致美观。

天恩地局是仿照北京东、西单王府以及中旗图王府的建筑样式设计建造，庭院内部规制肃穆，象征蒙古民族的"尚武雄风"。

2. 前郭尔罗斯贵族府邸

哈拉毛都王爷府坐落在吉林省前郭尔罗斯蒙古族自治县哈拉毛都镇的北山脚下。"哈拉毛都"，蒙语即"黑森林"之意。原此境内榆柳松柏繁茂苍翠，遮天蔽日，故有"黑森林"之称。王爷府旧称公爷府、公营子。原是根据扎萨克辅国公府所在地而称呼的。至齐默特色木不勒被册封为亲王后，改称为亲王府。后在"文革"期间被拆除。现仅剩遗址。1945年8月以前王府与其东北约4公里外的全旗最大的喇嘛庙崇化禧宁寺构成昔日郭尔罗斯前旗政治，经济，文化和宗教活动的中心。1949年前后两处建筑相继被拆毁。现仅存两位叔叔的府宅，建筑保存比较完好。2007年，七大爷府、祥大爷府被吉林省人民政府批准为第六批吉林省重点文物保护单位。

1）七大爷府：七大爷府位于前郭尔罗斯蒙古族自治县哈拉毛都镇王府村中央，属于王爷府侧府之一，七大爷名为旺亲都德赉那木吉勒，是郭尔罗斯前旗末代王爷齐莫特散批勒的七叔，故称为"七大爷"（图4-2-13）。1908年，王爷府最后一次扩建，同时修建了七大爷府、祥大爷府、旺少爷府。

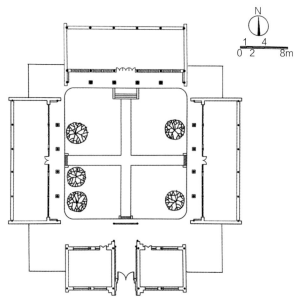

图4-2-10　天恩地局总平面图（来源：吉林建筑大学 提供）

图4-2-11　天恩地局门房（来源：李天骄 摄）

图4-2-12　天恩地局院落空间（来源：洮南市文物管理所 提供）

七大爷府坐北朝南，背靠起伏山冈，前面地势开敞，为带连廊的四合院，占地面积约2500平方米，建筑均为硬山卷棚屋顶，青砖砌筑高大院墙，院落整体规整封闭（图4-2-14）。

院内正房为五间，前设檐廊，柱子较细无柱础，砖雕形式简单，没有吉林民居的常有装饰（图4-2-15、图4-2-16）。西侧山墙开窗，沿袭了蒙古族以西为贵的传统习俗，西屋是祭祖的主要空间。室内空间原为"火地"，下设火道，上面设置轻质隔断分隔。

东、西厢房各三间（图4-2-17），中间均设"暖阁"，木质隔断分隔，装饰朴实。两侧为卧室，棚面海墁天花，棚顶边角处设通风口，通风口为铜钱图案木雕。

入口处有门房，中有回廊相连厢房（图4-2-18）。耳室与厢房各有一月亮门，与外院相通。东厢房内堂屋内有一个原有木隔断，七大爷府正房、厢房均设檐廊，正房四根，厢房两根，檐下直通回廊，在院内形成连续的室外交通空间。院落中心为青砖砌就的十字甬道，分通各房，甬道尺寸较宽，高于庭院原始地面一米，庭院内种植各种绿植，环境优美。

连廊廊柱均为方形截面，尺寸较小，柱距较密，连廊顶部为平顶，通过女儿墙向外排水。不仅在整体工艺制作和局部构件选择上有传统蒙古府邸的突出特色，并且具有清代官邸的特色，是吉林省内蒙古贵族建筑的杰出代表。

2）祥大爷府：祥大爷府坐落在前郭尔罗斯蒙古族自治县哈拉毛都镇王府村西南，现为前郭县第二良种繁育场所

图4-2-13 七大爷府外景（来源：李天骄 摄）

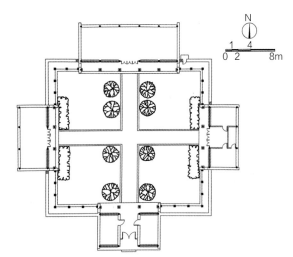

图4-2-14 七大爷府总平面图（来源：吉林建筑大学 提供）

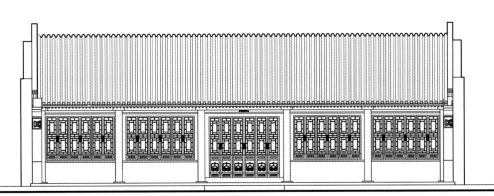

图4-2-15 七大爷府正房南立面图（来源：高小淇 绘）

在地。

祥大爷府坐北朝南，所在地地势平坦，前面较远处为松花江支流，为带连廊的四合院，占地面积约2400平方米，建筑均为硬山卷棚屋顶，青砖砌筑高大院墙，院落整体规整封闭（图4-2-19）。

与七大爷院落形式，建筑特点基本一致，院落相比于七大爷府较小，形式更为灵活，正房两侧建有耳房（图4-2-20、图4-2-21），东、西厢房各一侧建有耳房（图4-2-22），正房西侧外墙上建有祭龛。院落大门为垂花门（图4-2-23、图4-2-24），相比其他地方垂花门都要大一些，是与吉林民居中的四角落地大门相结合的产物。

图4-2-16　七大爷府正房（来源：李天骄 摄）

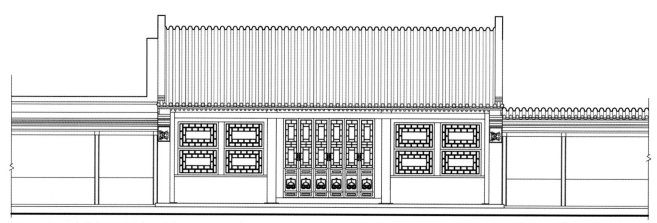

图4-2-17　七大爷府西厢房东立面（来源：吴翠灵 绘）

图4-2-18　七大爷府门房（来源：李天骄 摄）

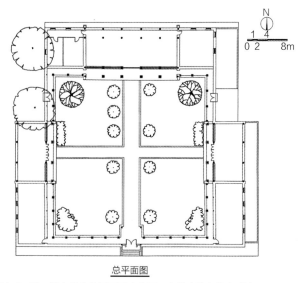

总平面图

图4-2-19　祥大爷府总平面图（来源：吉林建筑大学 提供）

　　两座贵族府邸是前郭蒙古民族文化的具体历史见证，代表了蒙古族文明的生活方式及文化的变迁，是清末明初吉林蒙古贵族的代表性宅邸。集蒙古族、汉族、满族民族特色、文化、艺术于一身的代表性贵族府邸，同时是吉林地区仅有的两座清代蒙古贵族建筑府邸。具有较高的历史、文化、社会价值。

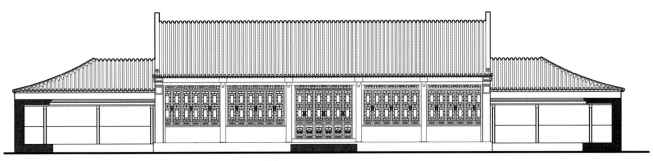

图4-2-20　祥大爷府正房南立面图（来源：吉林建筑大学 提供）

图4-2-21　祥大爷府正房南立面（来源：李天骄 摄）

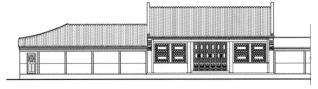

图4-2-22　祥大爷府西厢房东立面（来源：王薇 绘）

图4-2-23　祥大爷府垂花门南立面（来源：李天骄 摄）

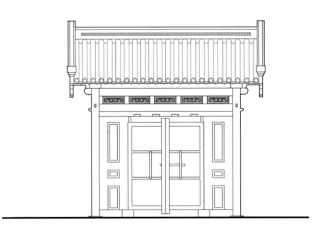

图4-2-24　祥大爷府垂花门北立面（来源：赵艺 绘）

（三）民居

1. 汉族民居·碱土囤顶房

吉林西北部地区的碱土呈青黄色，比较细腻，与其他土壤相比，碱土本身容易沥水，经水侵蚀后，其表面会越来越光滑、坚固，因此是一种非常适合做屋面或墙面的材料。[①]

碱土民居是以碱土为主要材料建造的民居，多见于乡村的小农户住宅。碱土囤顶房是极具鲜明地域特色的民居形式。多采用"一合院"的布局形式，以双辽、洮南、白城、安广、镇赉、大安、扶余、松原等地的碱土囤顶房最具代表性（图4-2-25）。

吉林传统的汉族碱土囤顶房以"一合院式"布局为主，正房多为独立两间或三间，坐北面南，居中建造，开间多为3.3m，平面为横长方形，入口处设置厨房，东西房间为居住空间，设置南炕或南北炕。东西厢房有的建正式房屋，有的建成简单的棚子，做马厩、车棚及存放柴草、农具之用。以碱土矮墙包围，形成矩形或方形的封闭式院落，视线通透，临街大门开在正中。烟囱坐在山墙顶端，与屋顶连成整体。基础多为夯土和石砌基础结合。

碱土囤顶房以碱土为主要材料。墙体根据地域的不同采用黄土或碱土混合的形式。基础一般采用石质浅基础。

其中叉剁墙是常见的建造方式，向碱土中添加适量的黏土或粗砂，再加入适量的羊草，采用手工或模具将墙体剁到相应高度压实，最后用草泥抹面。屋面微微向上，呈弧形的囤顶形式。坡度较低的屋顶可以节省梁架木料。通过瓜柱尺寸的调整，做出相应的坡度。建造时先把檩木放在梁上，再挂椽子，椽子上铺苇巴两层，每层约厚4厘米，再以碱土混合羊草（碱草）抹在屋顶上，大约10厘米，垫以苇席踩平后就连成一个整体，上部再加抹2cm厚的碱土泥两层，再上垫1厘米厚的炉灰块，混合白灰用木棒捣固。在室内屋架下可做吊顶，内层铺设草木灰，下面裱纸多层，增加保温效果，装饰室内空间。[②]

吉林地区碱土囤顶房装饰相对简单，屋顶形态呈自然曲线，坡度平缓，建筑形态规整，建筑风格简朴大方。建筑外部连檐出挑多为30~40厘米，与山墙平齐，是装饰的重点，多采用砖檐、木檐或瓦檐，在山墙盘头处有少量装饰，门窗与传统汉族建筑类似。烟囱多为碱土混合稻草砌筑，曲线形态，厚重而朴素（图4-2-26、图4-2-27）。

松原市王家窝堡村的碱土囤顶房，保存较好，极具代表性。宋宅建于20世纪50年代（图4-2-28），正房四开间，坐北朝南，入口位于东侧第二开间，门连窗入口，外间为厨房，西侧为套间，建筑开间偏小，整体进深较小，室内均设

图4-2-25　白城市大安于家烧锅村全景（来源：王亮 摄）

图4-2-26　松原市王家窝堡罗宅（来源：王亮 摄）

---

① 黄远，朴玉顺. 吉林碱土民居营造技术分析［J］. 沈阳建筑大学学报（社会科学版），2013，15（02）：131-135.
② 黄远，朴玉顺. 吉林碱土民居营造技术分析［J］. 沈阳建筑大学学报（社会科学版），2013，15（02）：131-135.

图4-2-27 白城市大安县某宅（来源：王亮 摄）

图4-2-28 松原市王家窝堡宋宅（来源：宋哲 摄）

图4-2-29 松原市王家窝堡宋宅室内（来源：王亮 摄）

南炕。棚面吊顶材料为秸秆，材料就地取材，肌理独特，工艺简单。屋面东西两侧均有烟筒。墙面、屋面均为碱土抹面，建筑形式简单，体型低矮。

白城市镇赉县某宅，建成年代不详，二开间，坐北朝南，入口位于东侧开间，外间为厨房，西间为卧室，室内均设南炕，建筑开间和进深均较小，是两开间碱土囤顶房里的孤例（图4-2-29、图4-2-30）。围墙也是土墙（图4-2-31）。

70年代，住宅形式发生一定变化，出现少量砖瓦房。很多住宅在原有基础上进行装饰，正立面出现干粘石几何拼花的做法，玻璃碎片拼花是常用的材料，墙身的转角处采用红砖进行装饰，屋檐用砖牙子砌筑（图4-2-32~图4-2-34）。

图4-2-30 白城市镇赉县某宅（来源：申市兴 提供）

图4-2-31　白城市镇赉县某宅围墙（来源：申市兴 提供）

图4-2-32　改造"前脸"的住宅（来源：王亮 摄）

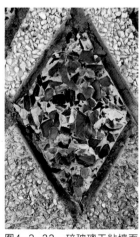

图4-2-33　碎玻璃干粘墙面
（来源：李天骄 摄）

图4-2-34　墙面干粘石几何图案
（来源：李天骄 摄）

2. 旗王住宅

旗王是过去郭尔罗斯前旗的最高统治者，旗王住宅位于前郭县哈拉毛都镇王府屯。

旗王住宅的总平面布置采用汉族房屋的式样，根据当地风俗沿用农村地主大院的传统布局方式，在房屋构造上则吸取北京王府等四合院建筑式样（图4-2-35）。房屋布置松散，院子广大，房屋由各花墙连接在一起。院内以五间正房、六间厢房、三间门房组成，并以垂花门和腰墙分隔成前院和后院（内院）。前院较小，没有什么特殊的布置，后院作为住宅的重心，四周做走廊和房屋前廊相接，包围成完整的方形院心。宅的四周均砌筑高墙，四角建筑炮台，从外观上看和地主的大院基本上相同。

房顶用仰瓦、灰筒瓦铺作，并做滚脊式屋顶。柱础石不采用鼓石式，而与庙宇大殿的柱础石做法极其相似。

旗王住宅是蒙古族民居和汉族民居的结合，吉林省西部地区土地空旷，人烟稀少，游牧特征明显，旗王住宅的规模与构造与汉族民居相似，但其院落细部、窗户、室内布局等又保留其自身特色。

3. 双辽县城吴宅

双辽县城吴宅，平面布局为矩形，属于"多进院落"类型，院子前后空地很多，四角建设炮台，房屋布置间数很多，主轴线共有三条（图4-2-36）。最前端有一座雁翅影壁，屋宇式大门五间。经二门、过厅可至正房，用三进院子连接而成。在院子的两侧又建厢房、正房，因而形成了侧面的双跨院，共计房屋80多间。这座宅院的另一个大特点是大门和炮台连接大墙做八字斜墙，使得大门外十分开阔，有很大的空地。在东西端又建设东西辕门，使得进宅的人通过重重门宇，显示出官僚地主住宅的特点（图4-2-37）。双辽吴宅院落规模大，空间布局疏朗，结构严谨，主次分明，既传承传统民居特色，又融合西部地区地域特点。

4. 扶余八家子张宅

扶余八家子张宅位于吉林省宁江区。是典型的"三进三合半后院式"住宅，南北向长，整体院落呈现纵向布局，构成矩形平面。

　　正房采取七间、厢房内院三间、外院七间，又有后正房构成后院，在后正房的最后又有大囤子五座，因而使得宅地甚长，面积广大（图4-2-37）。张宅前院厢房基本上都作储藏房、库房使用，院内可停留马车，因此，修建腰墙分隔，内院作为家人主要活动区域，院子内部建设平房，非常开阔。

　　扶余八家子张宅是吉林省传统民居中比较典型的类型，受吉林省西部地区游牧文化的影响，院落纵向布局明显，防御性强，规模较大。

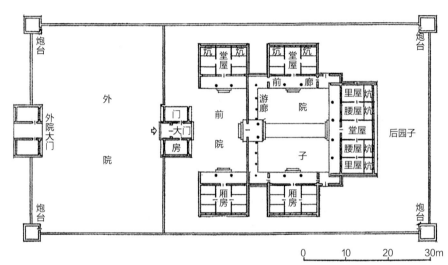

图4-2-35　旗王住宅平面图（来源：《吉林民居》）

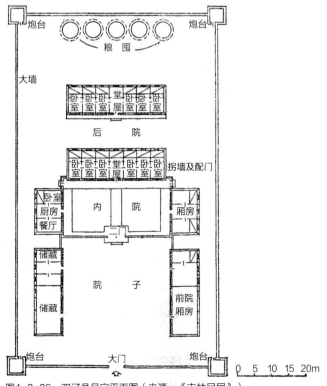

图4-2-36　双辽县吴宅平面图（来源：《吉林民居》）

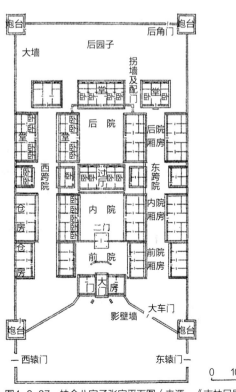

图4-2-37　扶余八家子张宅平面图（来源：《吉林民居》）

5. 洮南万宝镇山地石砌民居

山区传统村落民居多就地取材，院墙与住宅皆由石砌而成，墙体呈灰色或者暗红花色状，石头简单加工，尺寸差异较大，整石多用于转角处和边缘位置，住宅砌筑时加黄泥黏结并做面层处理，室内墙面抹灰，属于不规整块石垒砌民居。屋顶多为半圆拱形，是"木骨石墙"的建造方式，木头和石材相结合的混合结构，屋外东西山墙头砌有圆形烟囱，高出房檐数尺。墙壁较厚，南墙有窗，窗普遍较小。院内一般有东厢房，做住宅或者仓储用，西侧为仓储或者牲畜用房，院落围墙多为石材干垒，没有任何粘接材料（图4-2-38、图4-2-39）。

（四）其他

1. 万善石桥

万善石桥位于扶余北部的长春岭镇石桥村东，横跨夹津沟，为三孔拱式桥（图4-2-40、图4-2-41），建于20世纪初。桥身为青色和淡黄色花岗石砌成，全长40.1米，宽4.1米，高7.7米，桥身南面上部刻有"天地同休，万善石桥"八个字，北面上部刻有"流芳百代"四个字。桥上栏杆两侧各雕有石狮一对。石桥造型稳重古朴，极富民族建筑风格。石桥是三孔拱式，桥身用青色和淡黄色花岗岩石条筑成；三个桥孔，中间的较大，宽6.1米，高6.3米；左右两孔尺寸相同，宽5.4米，高4.7米；桥墩入水处最深为11米，最浅为9米；桥身两边装有雕栏石柱，各为23根，柱高82厘米，间宽1.45米。三个桥孔设计适度，既能减轻桥身重量，节省

材料，又能分洪缓流，有助于桥身的坚固。桥墩成船底形，迎水面凿成分水尖，起到抗御洪水，保护桥墩的作用。三个桥孔呈莲花瓣形，其边缘上雕衬以荷叶图形，两边连续纹饰（图4-2-42）。中间桥孔上方正中雕嵌喷水状龙头，显得美观别致，独具一格是吉林省境内最早的一座公路石桥，也属吉林省唯一一座规模较大、保存完整的石质拱桥。

图4-2-38　洮南万宝镇某宅（来源：田文波 摄）

图4-2-39　洮南万宝镇某宅石砌围墙（来源：田文波 摄）

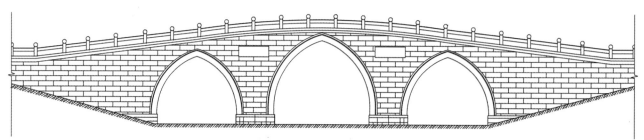

图4-2-40　扶余万善石桥桥头 测绘立面图（来源：吉林建筑大学 提供）

图4-2-41　万善石桥（来源：李天骄 摄）

图4-2-42　万善石桥莲花瓣形桥孔（来源：李天骄 摄）

第三节　传统建筑特征解析

西部地区由于其地理区位及气候特征，适宜进行游牧渔猎等生产活动，游牧民族的文化深深影响了西部地区的规划布局及建筑设计。西部地区的传统建筑地域特征鲜明，主要以辽金城址和传统民居为代表。

一、空间组织特色

（一）蒙汉合璧，大气朴实的城市村庄

蒙满文化长期共生，本土原生文化对外来文化逐渐吸收接纳，传统建筑选址从"居高筑屋"、"重实用轻形式"，转化到学习和实践中原的风水思想。城址多为平面布局方整，四面围墙，多夯土版筑，围墙四角设角楼，马面数量多，门外设瓮城。其布局和建造风格受当时社会文化和地域特点等影响。

西部地区房屋布局松散，通过院落组织生产和生活空间。宅地坐北朝南，结构布局严谨，形式古朴，形式多以官式建筑为参考。建筑基于游牧生活的空间尺度，院落规模较大而进深层次简单，布局以合院为主，包括四种类型：一合院式、二合院式、三合院式以及四合院式。前两种多为农村住宅，建筑空间关系松散，基本上是单体独立的组合形式，形成"一明多暗"的常见格局，在院内布置菜园、果园、柴垛等与正房或厢房围合成小型的院落，满足生活、生产的多层次需求，功能复合性较强，体现了强烈的边缘文化特征。

（二）游牧古风，自由无序的空间格局

蒙古等少数民族最早以狩猎为生活重心，居住空间建造简单，以适宜牧猎生产的游动方式聚居。定居后，狩猎文化带来的影响长期存在。建筑布局松散，单元院落多以住宅和室外栅栏或矮墙围合，外部空间自由通透，视线遮挡较小，空间延续与自然的融合性。室内空间体现游牧民族的居住方式与满族的居住方式相结合的独特形式，空间简单，复合性强，以炕、灶为中心形成边缘式空间布局，有明确的向心性和指向性。围合性、封闭性较差，较中部地区相比建筑轻礼制，重使用，但注重民族信仰。

二、单体与装饰特征

（一）低矮纯朴，有机生长的建筑单体

西部民居，一般采用平顶、囤顶、悬山顶和硬山顶，其中以碱土囤顶房居多。建筑材料匮乏，所用间架等木构架尺

寸普遍偏小，建筑形体小而矮，主体与地面尽量贴近，正房的长轴方向垂直于冬季的主导方向，屋顶形状略成弧形，前后较低，中央略高，房屋左右两侧的东西山墙高出屋面，高出的部分也依照屋面的坡度而砌成弧形，从侧面看屋顶轮廓线是一条弧线。椭圆形曲线屋面与低矮的空间相结合，夏季能很好地向两侧排泄雨水，秋冬能有效缓解冬季风压，与环境形成有机的共生关系。

建造就地取材，采用碱土、草、石材、砖和木材作为基础建筑材料，因地制宜且特征鲜明，在向阳面的一侧强调日照与通风的最大可能，在背阴的一侧造型则较为简单，墙体较厚，开窗较小。墙体多为土墙，但四角镶砖，坚固且防潮，山墙多为挑山式，椽头外露，少有装饰；碱土为青灰色或青黄色，墙体和屋面均用碱土抹面，俗称"碱土平房"，墙面与屋身色调统一，呈现温暖亲切的土黄色，烟囱多坐在山墙顶部，形如土墩，低矮厚重紧凑的建筑形体给人安全的感觉，有效抵御当地的风沙和寒冷环境，呈现出一种静默淳朴之美。

（二）实用至上的室内空间

建筑平面多为"一"字形，三开间，入口设置在中间即堂屋，俗称"外屋地"，东西对称设置东屋和西屋，作为卧室，堂屋是进出各屋的必经空间，设有灶台，以此为基础，或衍生出五开间，七开间等布局，室内布局简单，功能沿外墙边沿布置，空间流线清晰，功能复合性强。室内的主体是南炕或北炕，炕这个简单的建筑构件承托丰富的生产和生活活动，不同时间对应不同功能，同时在炕上居住活动的不同的位置也对应不同的等级秩序。室内装饰简洁，顶棚多采用秸秆铺装，顶上铺黄泥，下面糊纸棚，形成有效的保温层。依托简单的空间秩序原型和简单的做法，创造实用多变的室内空间。

（三）多元互补，无忘旧俗的装饰风格

多种文化交织，依旧沿袭民族习俗，结合特征鲜明的蒙古族装饰符号，形成独特的风格。蒙古族沿袭以"西"

为贵，同时西墙开窗，建筑色彩多以白色为基调，象征纯洁与高尚。传统的装饰图案，如方胜、图们贺、哈木纹、兰萨纹、普斯贺、盘肠纹等组合演变，形成式样简练，线条粗犷的装饰纹样，所用花饰无规律，组合随意，寓意吉祥即可。南侧立面门窗多数采用支摘窗、木质门，少数官宅采用平开窗结合木门，砖雕、石雕、彩绘等简单古朴，有"雁式滚脊小青瓦"、"雄狮头瓦"等做法，是尚武的少数民族文化与汉族文明互补的产物。

三、材料与工艺特征

（一）简易实用的建造方法

建造房屋所用材料和构造形式，结合经济条件和地区条件各有不同。墙体与木柱结合处理，南向墙体一般都开有较大的窗户，所以主要以柱子承重，北墙为了冬季保温防寒，一般不开窗户，主要由实体墙体和柱子承重。东西山墙内布以木柱和实体墙相结合承重，柱子上的梁一般和山墙宽度一致，隐藏在墙体内，山墙内的梁上铺设不同高度的短柱，短柱中间高、两端低，短柱上再铺设檩子以形成屋顶弧度。柱子、檩子、短柱分别以榫卯结构方式相连接，上层梁比下层梁略短，最下层梁固定在对应的柱头上，木梁上再搭木檩，木檩上再搭椽子，椽子上架设屋面层，屋面纵向弧线，与椽子构成屋檐的出挑。木材结合不同的部位进行防火防腐处理，如山墙部位的排山柱用火烘烤，使木材表面碳化。囤顶屋面围护层最低端部分是连檐，往上依次是：望板上面铺设2层或3层的苇莲，苇莲的上面再铺设厚度约为8厘米的干秸秆，这层主要起到冬季保温的作用。

砸灰平顶是最坚固的屋顶形式，先将檩木放置在梁上，再挂椽子，每间8～10挂，直径约10厘米。椽子上铺苇巴两层，每层厚约4厘米，再以碱土混合羊草抹上大约10厘米的屋顶，再垫苇席踩平，连成一个整体，上部再抹约2厘米厚碱土两层，再铺上1厘米厚炉灰块混合白灰用木棒捣固。碱土平顶最为常见，与砸灰平顶相比，减少了炉渣白灰面层，维护频率相对较高。

墙体可以采用叉剁墙、土打墙、土坯墙等多种形式。叉剁墙是使用最广泛的碱土墙砌筑方式。材料是碱土，加适当的粗沙和黏土，建造时可分为两类：一类用手工控制墙的形态；另一类是使用模板，在模板内垛泥；土打墙就是用夯土工具打土，使土质密实牢固，从而使墙体坚实。传统夯筑使用的材料是碱土、砂石、羊草混合物，墙体多有收分，由墙体下部逐渐向上变窄，墙体最厚处一般达到70厘米，薄处有40厘米。每夯打10～15厘米铺加一层羊草和细砂，以加强夯土的坚固性，增强抗拉强度；土坯墙是使用模具将碱土混合羊草放入坯模，用杵夯打，使土坯更加坚固，制成一定形状的块体。生土建筑保温性能强，就地取材，建造方式简捷易懂，建筑内部冬暖夏凉，适宜四季分明的寒冷地区，是民居适应自然条件影响的实例。

（二）地方材料的原真性表达

吉林省西部地区除开垦过的熟地以外，还有许多未经开发的生荒地，每年都要长出厚厚的荒草，荒草与熟地之间有片片相连的碱地，碱土资源丰富。建筑多是就地取材，充分利用自然材料，木材、黄土、秸秆、稻草、淤土、碱土、白干土、苇莲等都是当地容易获取的本土材料，减少了造价，地方材料的使用也充分体现了对自然环境的尊重。建筑结构材料主要是使用当地的木材资源，其他使用自然材料的部分是集中在围护墙体和屋顶上，技术粗放，地方材料的使用方式以粗加工为主，加工方式也是简单的人工处理，非标准化的处理结果，各种材质综合运用，材料呈现不同的色彩和肌理，建筑呈现的颜色均源自建筑材料的本色，却不乏细节和质感，体现朴素的建筑之美。

下篇：吉林传统建筑文化传承与发展

第五章　吉林省近代建筑的继承与发展

　　"鸦片战争后，各种形式的西方建筑陆续出现在中国土地上，加速了中国建筑的变化。中国近代建筑包含着新旧两大体系：旧建筑体系是原有的传统建筑体系的延续，基本上沿袭着旧有的功能布局、技术体系和风格面貌，但受新建筑体系的影响也出现若干局部的变化。新建筑体系包括从西方引进的和中国自身发展出来的新型建筑，具有近代的新功能、新技术和新风格，其中即使是引进的西方建筑，也不同程度地渗透着中国特点。从数量上说，旧建筑体系仍然占据着优势。广大的农村、集镇、中小城市以至大城市的旧城区，仍然以旧体系的建筑为主。大量的民居和其他民间建筑基本上保持着因地制宜、因材致用的传统品格和乡土特色，虽然局部地运用了近代的材料、结构和装饰。从建筑的发展趋势来看，中国近代建筑的主流则是新建筑体系。"[1] 吉林省近代建筑的发展时段及发展趋势与全国的近代建筑发展既有相似性又具有其独特性。

---

[1]　近代建筑，百度百科。

第一节　吉林省近代建筑的发展概况

　　清朝入关后，由于清政府多年的封禁政策，吉林省长期处于地广人稀、经济文化相对落后的状态。传统建筑长期在自然经济的状态中缓慢地发展着。在19世纪末，随着俄日帝国主义的入侵，中东铁路的建设，新的建筑类型、建筑式样、建筑材料、建造方法以及新的生活方式的涌入开启了吉林近代建筑的进程。"伪满洲国"时期以"新京"为主要建设地的大规模建设使吉林近代建筑的发展达到了一个新高度。吉林近代建筑的出现，是一个从突变到渐变的过程。对中国传统建筑文化的吸纳和继承，是近现代建筑地域化过程中必然经历的过程；同时，对外来文化从"被动接受"到"主动迎合"，也是传统建筑不断发展、更新的动力。这个时期的主要建筑风格：

　　1. 新古典主义风格
　　2. 俄罗斯复兴风格
　　3. 俄中式风格
　　4. 折中主义风格
　　5. 日俄式风格
　　6. 装饰艺术风格
　　7. 现代主义风格
　　8. 中华巴洛克风格
　　9. 满洲式建筑风格

一、吉林省近代建筑的萌芽期

　　1840年鸦片战争拉开了中国近代史的帷幕。但吉林省由于地处边陲，加之清政府长期的封禁政策，东北经济发展缓慢，近代资本主义的影响到来的较晚。吉林省与东北大部分地区一样，仍处于传统农耕社会，无论是城市和村落、衙署和寺观以及民居，建筑形态都几乎一成不变地按照传统的建筑营建方式进行着。1861年辽宁营口开埠，资本主义的商品、文化以及新的建筑技术等逐步向东北内陆传播。1881年（光绪七年），为抵御沙俄侵略，吴大澂奏准于吉林省城建立机器局。1883年，吉林市机器局宣告竣工投产，也标志着吉林第一个近代建筑的出现。中日甲午战争后，沙俄势力借《中俄密约》大举向我国东北渗透。沙俄为了修建西伯利亚铁路取道中国。包括北部干线（满洲里到绥芬河）和南部支线（哈尔滨至旅顺），全长约2500多公里，铁路段线呈"T"字形，分布在中国东北广大地区。途经内蒙古、黑龙江、吉林、辽宁4省，是沙俄远东政策的产物。1897年开始建设，1903年全线通车。中东铁路又称"东清铁路"、"大清东省铁路"等。中东铁路既是列强掠夺在华利益的工具，同时也对吉林省近代建筑的产生与发展起到了巨大促进作用。铁路的开通极大地改变了内陆省份的信息闭塞、商品流通不足等问题，西方先进的建造技术和建筑材料随着铁路、铁路附属地的建设遽然降临在吉林大地。技术与资本的相继输入，带来了文化和意识的同步传播。吉林省近代化进程出现了跨越式的发展。

　　吉林机器局是东北地区第一家近代工业，也是清末"洋务运动"中东北地区唯一的兵工厂（图5-1-1）。它代表着吉林近代建筑的开端。1883年10月，吉林机器局正式竣工投产。1886年全部建成。占地29万平方米，建筑面积1.53万平方米。这座洋洋大观的建筑群落呈长方形，中部为厂房，西部为公务房，东部是"表正书院"，一期建成后总共大小房屋227间，3年后增建为260间。厂房外四周筑有土围墙，墙上有木栅栏，墙外有护墙壕，东、南、北方向开三个大门，均为青砖砌筑。门楼上布有炮台，每个大门前的护墙壕上设有吊桥，以便出入。南墙门楼上写有"吉林机器局"五个大字。厂房为青砖砌筑，屋面采用人字屋架并设有侧天窗。一改"五檩三柱"或"七檩五柱"等传统抬梁式筑屋方式。

　　吉林市机器局现位于吉林市昌邑区东局子街松江路，2007年被定为省级文保单位（图5-1-2、图5-1-3）。目前仅存厂房三间，门楼一座，碉堡两处。2011年吉林市政府出资，对其进行修缮。厂房部分进行了结构加固，墙面进行了挖补替换，更新了木屋架糟朽的部分，最大限度地保存了文物建筑的历史信息。赋予了其新的使用功能，改建为吉林市艺术中心。

中东铁路南部支线北起哈尔滨，向南经过扶余、德惠、长春、公主岭、四平、沈阳，直抵旅顺口、大连，全长945.3公里。现吉林省境内的中东铁路全长281.4公里，约占中东铁路南支线长度的三分之一。现吉林省境内共有11个站点，其中公主

图5-1-1　吉林机械局（来源：《吉林旧影》）

图5-1-2　吉林机械局（来源：王亮 摄）

图5-1-3　吉林机械局厂房内部（来源：王亮 摄）

岭为二等站，姚门（今德惠）为三等站，其余均为四等站。铁路附属地建筑包括站舍、厂房、兵营、住宅、教堂、医院、学校、水塔等。除铁路站房、机车修理等建筑，其余大多为民用建筑。铁路附属地建筑类型占比分析见图5-1-4所示。

在兴修铁路的大发展时期，短时间内修筑大量为铁路服务和辅助的设施必然要采取统一的建筑模式和标准才能确保铁路工程的快速完成，所以早期大量的俄式建筑风格成为中东铁路工程技术人员的首选，包括居住类、站场类、工业生产类和公共活动类等各种类型的俄式风格建筑，都是对当时俄籍人员的人居环境和建造文化最直接的体现。

这一时期的铁路附属地住宅为俄罗斯传统建筑风格。砖（石）木结构，砖（石）钢骨混凝土结构，砖（石）钢筋混凝土结构等现代结构与材料进入东北。为了节约成本在吉林境内的俄式居住建筑多以砖（石）木结构为主。即砖厚重石墙体为主要承重结构，木屋架、钢骨混凝土楼板或木楼板。屋架采用人字形屋架，铁皮屋面，檐部及檐下转角处有俄式木构件装饰（图5-1-5）。主要防寒措施包括厚砖墙（600毫米左右）、壁炉及火墙。为防止地基受冻，在房屋周围设有排水设施和墙上设防潮层。

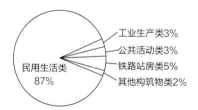

图5-1-4　铁路附属地建筑类型占比分析图（来源：颜晓峰 绘）

图5-1-5　铁路附属地住宅（来源：德惠市文物管理所 提供）

普通员工住宅建筑基本都为长矩形平面，内部通过墙体划分为多种户型，一般二户型最为常见。入口门依据使用需要，或在山墙或在主立面设置，无固定标准。

现今的俄式普通员工住宅建筑已被各地居民居住并继续使用，可见其结构与材料的坚实耐用程度，从侧面展现出俄籍铁路职工日常生活的建筑文化风貌。

中东铁路修建早期，受到建筑材料限制和资金投入限制，吉林段建筑大都就地取材，以砖石结构为主。而较少使用钢筋、混凝土。仅在哈尔滨、大连等主要站点使用。与东北传统建筑相比在屋架、墙身等部位采用金属构件以加强建筑的结构强度。

俄式建筑的装饰繁杂多样，但多以石材雕塑和木质雕刻等的花纹装饰为主，是俄罗斯独有的浮雕风格。木作装饰技艺源自俄式传统民居，在许多俄式住宅民居中多有体现。也正是因为俄式建筑风格的成熟应用，所以在早期修建中东铁路时，在中东铁路用地内的俄式建筑风格成为最为常见和实用的建筑风格（图5-1-6）。

中东铁路吉林段唯一一座教堂即德惠东正教堂，位于德惠火车站站前，于1903年建成，具有典型的俄罗斯拜占庭建筑风格。希腊十字平面（图5-1-7），规模虽然比哈尔滨和绥芬河两地的中东铁路教堂小，但精致的体量，细致的砖砌线脚，也别具特色（图5-1-8）。"文化大革命"期间遭到破坏，大小穹顶均被毁，2013年重新进行修复（图5-1-9）。

中东铁路吉林段的主要建筑风格除了俄罗斯俄式传统建筑风格外，还包括折中主义建筑、新古典主义建筑风格等。不同于哈尔滨等中东铁路干线城市，吉林省境内的新艺术风格、巴洛克风格的建筑较少。

折中主义建筑是19世纪上半叶至20世纪初期，在欧美一些国家盛极一时的建筑风格，折中主义超越新古典主义与浪漫主义在建筑样式上的局限，任意模仿历史上的各种建筑风格和样式，故有"集仿主义"之称。折中主义追求建筑比例的和谐与均衡，注重建筑的形式完美，一时间极为流行。因此受折中主义建筑思潮的影响，中东铁路修通后也兴建了大量的折中主义的公共建筑，但大部分集中在哈尔滨市区内。

在吉林省境内，沿线的铁路附属地建筑中折中主义样式的建筑数量较少。公主岭（二等站）、德惠（三等站）两地，铁路附属地内建筑类型相对丰富。具有折中主义样式风格的建筑有德惠中东铁路大白楼（窑门一级中学）为代表（图5-1-10、图5-1-11）。

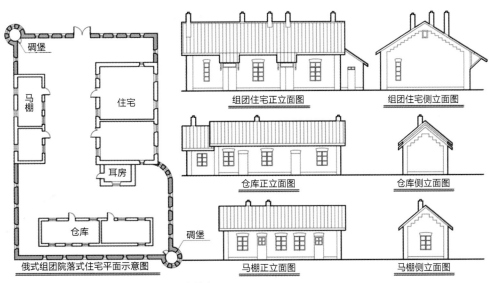

组团住宅正立面图　　组团住宅侧立面图

仓库正立面图　　仓库侧立面图

马棚正立面图　　马棚侧立面图

俄式组团院落式住宅平面示意图

图5-1-6　公主岭护路军住宅（来源：颜晓峰　绘）

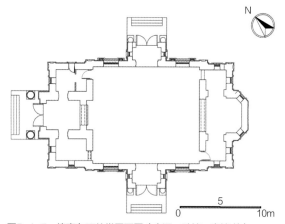

图5-1-7　德惠东正教堂平面图（来源：孙婷、李婷 绘）

图5-1-8　德惠东正教堂（修复后）（来源：王亮 摄）

图5-1-9　德惠东正教堂修复设计（来源：吉林建筑大学 提供）

图5-1-10　德惠中东铁路大白楼（来源：王亮 摄）

　　俄式公共建筑的立面往往采用奢华的檐部和墙面屋顶装饰。窗户采用涡券形曲线、弧线的砖砌过梁（图5-1-12、图5-1-13）。复杂的凹凸墙面处理、精细的花纹装饰，这些都是俄式建筑的显著特点。

二、吉林省近代建筑的发展期

　　1905年日俄战争沙皇俄国战败，根据《朴次茅斯和约》。俄国将由长春（宽城子）至旅顺口之铁路及一切支线，以及附属之一切权利、财产和煤矿，均转让与日本政府。日本接手长春以南铁路线后首先将原来的俄制1524毫米轨距改为标准轨距1435毫米，同时修筑铁路复线提升铁路的机车通用和运载能力。1906年6月日本政府发布关于成立南满洲铁道株式会社的敕令（1907年4月正式成立，总部位于大连）后，宽城子、公主岭、四平等地的满铁附属地急剧扩大。"日本政府对满铁附属地的规划建设从一开始就不同于列强在我国南方城市所设立的租借一类的外侨居留地，而是立足于当时东亚地区城市建设的最高水准，融资方式采取的

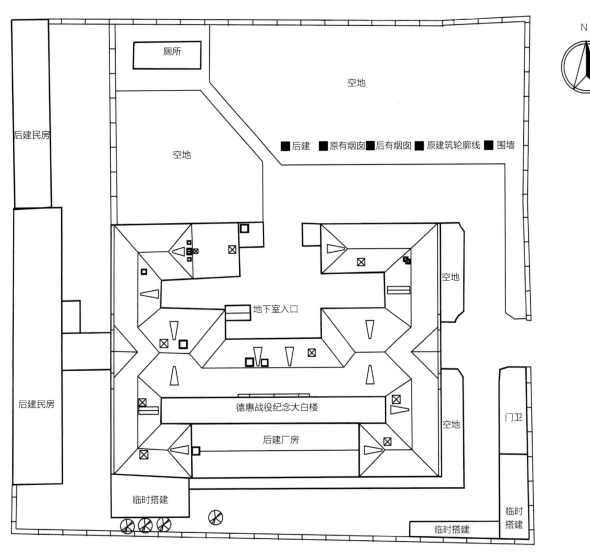

图5-1-11　德惠中东铁路大白楼总平面图（来源：孙婷、李婷 绘）

图5-1-12　德惠中东铁路大白楼细部（来源：王亮 摄）

图5-1-13　德惠中东铁路大白楼细部（来源：王亮 摄）

是由日本国家投资为主体。"[①] 这一时期满铁附属地进行了现代化的市政建设，电灯、煤气、自来水、水冲厕所等开始投入使用；外墙陶砖、水刷石、斩假石、水磨石、地面陶瓷锦砖、拼木地板等新的建筑材料的使用提升了建筑品质，建筑形象焕然一新，涌现了一批具有代表性的近代建筑。主要继承了盛行于日本明治维新时期的西方古典样式以及部分现代主义风格。

三、吉林省近代建筑的提速期

1931年日本帝国主义发动"九一八事变"，东北全境沦陷。1932年成立"伪满洲国"。长春被定为"伪满洲国"国都，改称"新京"。为了欺骗世界舆论，美化侵略战争，长春作为"伪满洲国"政治文化中心进行了频繁的建筑活动。吉林省近代建筑的发展进入畸形的提速期，也迎来了吉林省近代建筑发展的第一个高峰期。虽然有学者指出"'伪满洲国'时期建筑是以殖民的强制手段通过武力入侵形成的。不能从中国近代建筑所体现的传统承续与外来影响之特性的角度去认识"（张复合语）。但在客观历史进程中，中国传统建筑的元素主动或者被动地被融入这个时期的建筑实践中，并一直影响着其后一个时期的建筑创作，却是不争的事实。因此对这一时期的一些代表性建筑进行简要梳理，一是可以避免历史虚无主义，同时也是一种文化自信的体现。吉林近现代建筑发展曾经存在过两个高峰阶段。一个是"伪满"时期，另一个是新中国建国初期。"伪满"时期（包括前期的满铁附属地时期）的建筑与规划国内外研究成果较多。日本帝国主义出于霸占和殖民需要，主导的这一时期的城市建设，客观上带动了建筑的发展，其在建筑风格上主动或被动地对中国传统建筑的呼应，对地域气候也进行了技术上的呼应，对吉林近代建筑的发展产生了重要影响，部分建筑遗存已经作为警示性文化遗产列为国家级文保单位。

第二节   近代传统建筑的延续与发展

甲午战争战败后，清政府割地赔款，心理上受到巨大冲击，变法维新呼声日高，不得不于1901年开始尝试推行"新政"，此后民族资本有了长足发展。清政府和东北地方当局在1905—1911年间组织了自行开放和开发商埠地、改造老城区、创建近代化市政管理系统、发展近代工业为主要内容的城市近代化运动。自行开埠后，吉林市和长春市的建设也开始了现代化进程。

"在商埠地的建筑中，传统的平房、三合院、四合院与二层小楼相互交错，同长春旧城相比，商埠地的建筑具有了近代化的气息，出现了大量的二层建筑，在商埠地大马路的沿街两侧，新修的建筑多为商铺，下层为铺面，上层住人，"洋风"式的门面，成为商埠地建筑的一大特色。"[②] 这是一种来自民间的无意识探索，工匠发挥了重要作用。

20世纪初，随着民族工商业的繁荣与外来文化的渗透，出现了一批受西方建筑文化影响的新建筑。而巴洛克建筑的热烈与繁华，刚好迎合了人们追求时尚的心理。通过模仿装饰华丽的西式建筑立面，并用中国传统特色的饰物对建筑改造。这种"前店后宅"的四合院式的民居商业建筑，平面布局和功能是民族传统的，立面造型则是"巴洛克"式的，而立面上的装饰又以蝙蝠、石榴、盘长、金蟾、牡丹等具有中国传统吉祥意义的图案为特色，这里的劳动人民用自己的聪明才智，把"巴洛克"建筑流派的风格融汇在民族传统之中，创造了极具价值、独具特色的中西合璧建筑——"中华巴洛克"。所谓的"中华巴洛克"这种风格最初是由一位叫西泽泰彦的日本学者所命名。

中华巴洛克建筑在哈尔滨、武汉、北京等许多城市纷纷涌现，以哈尔滨最具代表性。在传统建筑向近代建筑过渡的过程中，吉林很多民间商业建筑和官式建筑也受到该风潮的影响，在建筑立面上开始效仿西式风格，竞相贴上洋式建筑

① 曲晓范. 近代东北城市的历史变迁 [M]. 长春：东北师范大学出版社，2001：78.
② 刘威. 长春近代城市建筑文化研究 [D]. 吉林：吉林大学，2012：38.

元素。立面基本都采取中轴对称方式，三段式构图。壁柱升起至女儿墙，清水砖墙或者水泥砂浆抹面。细部包括西式线脚、柱式和中式传统图案。在西式立面上嵌入中式牌匾或中式吉祥图案成为时尚。由于建筑规模以及资金限制，很多建筑仅仅是在传统建筑局部做成个西式门脸，其华丽程度和细节还远达不到"巴洛克"的风韵。我们将其称之为中西混搭建筑，也有人称之为"民国风格"。这种趋势是民族建筑对外来建筑文化的一种主动迎合，成为中国近代建筑发展过程中借鉴、吸收、创新的一个重要阶段。这一时期吉林省"民国风格"的建筑有了长足的发展。如吉林陆军医院（图5-2-1）、抚松县公署（图5-2-2）、长春市公署（图5-2-3）、郭宗熙住宅（图5-2-4~图5-2-6）以及二道沟邮局（图5-2-7、图5-2-8）等。

二道沟邮局旧址位于长春市一心街，曾作为中共地下联络站，建于20世纪20年代。二层砖混结构，建筑面积130平方米。采用横三段、纵三段的立面构图。清水砖墙立面通过青砖的凸砌、凹砌、花砌等方式形成丰富的装饰效果。

1909年长春商埠地建成的吉长道衙署，民间俗称道台衙门，现坐落于长春市宽城区亚泰大街671号（图5-2-9）。整个建筑青砖灰瓦，为一座带有外廊的、部分融合了中国传统元素的洋式建筑。也是近代中国早期流行的一种样式建筑，是中国围廊式建筑最北的实例。"道台衙门"占地2.5万平方米（图5-2-10），建筑面积约2000平方米，是当时中国人在长春主持修建的最大的工程。这个衙署与清代传统的"衙门口朝南开"的官衙建筑大不相同，而是坐西朝东，开东大门。由门楼、主堂、二堂、三堂（已拆除）和侧堂组

图5-2-1 吉林陆军医院图（来源：《长春街路图志》）

图5-2-3 长春市公署图（来源：房友良 提供）

图5-2-2 抚松县公署图（来源：房友良 提供）

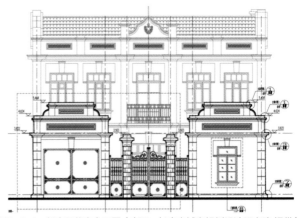

图5-2-4 郭宗熙住宅立面图（来源：长春市城乡规划设计研究院 提供）

图5-2-5　郭宗熙住宅细部（来源：长春市城乡规划设计研究院 提供）

图5-2-6　郭宗熙住宅楼梯栏杆（来源：长春市城乡规划设计研究院 提供）

图5-2-7　二道沟邮局（来源：长春市城乡规划设计研究院 提供）

图5-2-8　二道沟邮局（来源：长春市城乡规划设计研究院 提供）

成。正门门楼、大堂、二堂设于同一轴线之上。三堂之间通过木廊连接。早期的门楼风格中西合璧，立面上刻有两条龙形图案，正中竖向书写公署名称（图5-2-11）。1922年原门楼改为带有柱式的、更为西化的折中主义立面风格。1932年溥仪在此就任"伪满洲国执政"。

这个时期由中国人投资建设的建筑也带有鲜明的中西合璧色彩。悦来栈是1913年满铁附属地内中国人最早开办的客栈（图5-2-12）。位于长春火车站广场东侧。该建筑为二层砖木结构，采用"民国风格"立面，最大的特色是局部三层处理成中式阁楼顶。客栈老板名叫祖宪庭。新中国成立后

图5-2-9　吉长道尹公署图（来源：房友良 提供）

的1956年，"悦来栈"实行公私合营时，更名为"公私合营悦来旅馆"。1967年"悦来栈"在"文革"的武斗中被焚毁。

老舍先生曾说悦来栈美丽得如同一方"雕花漆盒"。

1912年由中国主导修建的长春至吉林的长吉铁路长春站（东站）（图5-1-13），其站房规模较小，站房主体采用新式砖木砌体结构，局部二层。采用了当时典型的中式元素山花。

吴俊生私邸，民间俗称"吴大帅府"（图5-2-14），始建于1921年，1924年竣工。现为郑家屯博物馆（图5-2-15），位于吉林省双辽市。原为多进四合院，占地3800多平方米，有房舍140余间（图5-2-16）。前有辕门，东、西

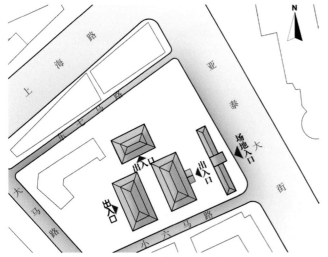

图5-2-10　吉长道尹公署总平面图（来源：自绘）

图5-2-12　长春火车站悦来栈（来源：网络）

图5-2-11　吉长道尹公署（来源：《长春街路图志》）

图5-2-13　长吉铁路长春火车站（东站）（来源：房良友 提供）

两厢带跨院，四角筑炮台，高墙广厦，斗栱飞檐，雕梁画栋，曲径回廊，集方城府第为一身，融官厅民宅于一体，气势恢宏，蔚为壮观。该组建筑既有吉林当地的民居风格，也借鉴了

北京四合院的一些手法，比如垂花门（图5-2-17）等，也是民国时期吉林地方建筑的一个典型案例。历尽沧桑风雨，修复后的"大帅府"仅保存房舍32间，占地2120平方米。

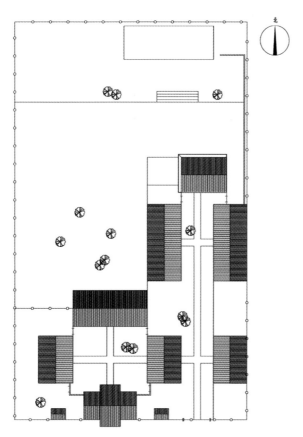

图5-2-14　吴俊生私邸总平面图（来源：李天骄 提供）

图5-2-16　吴俊生私邸（来源：张诗雅 提供）

图5-2-15　吴俊生私邸正门（来源：张诗雅 提供）

图5-2-17　吴俊生私邸垂花门（来源：张诗雅 提供）

第三节　近代新建筑体系对传统的继承和发展

一、民族风格的自主探索

　　民国期间吉林对于传统文化的继承和民族风格的探索具有代表性的近代建筑当属梁思成先生于1929年设计、1931年竣工的吉林省立大学"石头楼"（现为东北电力大学办公楼）。该建筑位于吉林市船营区长春路169号，2013年被国务院公布为第七批全国重点文物保护单位（图5-3-1）。1928年9月，梁思成从欧洲回国后即在东北大学任教，创建了中国第一个建筑系，时任吉林省政府主席的张作相创办"吉林省立大学"，邀请东北大学建筑系主任梁思成进行设计。这也是梁回国后第一件作品。参加设计的还有时任东北大学教授、从美国宾夕法尼亚大学留学回国的陈植、蔡方荫等人。该组建筑由主楼和东楼西楼三栋建筑组成，成品字

形，层数三层（图5-3-2）。在石头楼中间广场的中心位置，原设计了一座喷水鱼池，构成了小型庭院，将全部建筑联系在一起，在"文革"中被拆除。平面布局颇具东北满族民居三合院风格。也有说三栋建筑形象分别为飞机、军舰、堡垒，象征陆海空三军。由于建筑外墙都采用长方形青色花岗石砌筑，故被称为"石头楼"。东楼、西楼为三层平屋顶，外形基本对称。采用西方建筑三段式构图：下部勒脚部分采用粗毛石，中部窗间墙采用打磨平整的块石砌成传统木构八角壁柱，在楼的顶端和女儿墙部位，加装了石砌装饰斗栱构件（图5-3-3），建筑端部按中国建筑风格安装石雕螭吻（图5-3-4），使整个建筑具有浓厚的民族色彩和中国精神。主楼采用坡屋顶，全毛石砌筑的门厅部分则设计得堂皇古朴，云拥护栏的圆形柱头上设有节日布置盆花的位置。梁柱上也设有斗栱、雀替等装饰。该建筑没有采用中国传统建筑的屋顶形式而是采用现代的设计手法，采用厚重的青石及传统细部的方式对地域及传统进行了回应（图5-3-5~

图5-3-1　石头楼主楼（来源：王亮 摄）

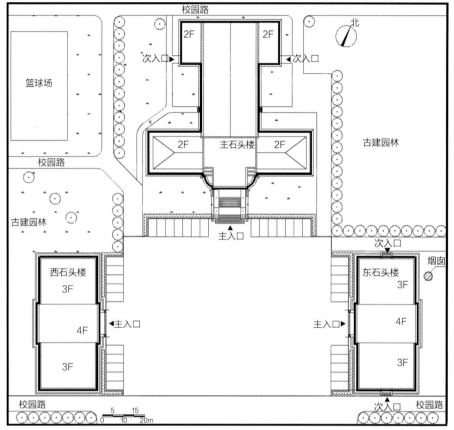

图5-3-2　石头楼总平面图（来源：北京兴中兴建筑事务所 提供）

图5-3-3　石砌斗栱花纹（来源：王亮 摄）

图5-3-4　石雕螭吻（来源：王亮 摄）

图5-3-7）。正如梁思成后来所总结的"以欧式体干，而缀以中国意趣之雕饰，能使和谐合用，为我国实用建筑别辟途径"。

　　"石头楼"的一些细部处理手法，在随后的20世纪30年代梁思成、林徽因设计的北京仁立地毯公司得到了延续和发挥（图5-3-8）。"设计者运用了北齐天龙山石窟的八角形柱、一斗三升、人字斗栱和宋式勾片栏杆、清式琉璃鸱吻等，把立面装饰得颇具浓郁的民族色彩。"①

　　万福麟宅邸建于1926年，俗称"老万大楼"。坐落于吉林省白城市。占地近万平方米，现存建筑面积2100平方米。2006年被确定为省级文物保护单位。该组建筑既有东北传统合院空间的格局又不同于传统合院，由闭合内天井形成的

图5-3-5　石头楼主楼门厅（来源：王亮 摄）

① 潘谷西. 中国建筑史（第六版）[M]. 北京：中国建筑工业出版社，2019：413.

回字形正房、东西厢房及垂花门组成三合院空间（图5-3-9~图5-3-12）。垂花门后原有影壁墙。正房二层（图5-3-13、图5-3-14），负一层为半地下，东西厢房单层。厢房与正房之间通过廊庑相连接形成整体，不同的高差过渡自然（图5-3-15）。回字形正房内天井尺度精致，形成小气候空间，这种闭合式内天井格局是对东北中国传统院落空

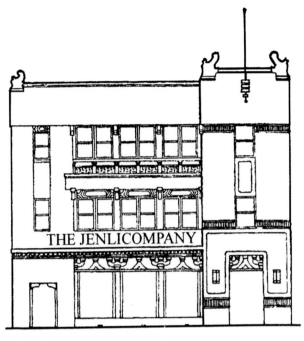

图5-3-8　北京仁立地毯公司（来源：《中国建筑史》）

图5-3-6　石头楼侧楼（来源：王亮 摄）

图5-3-7　石头楼侧楼入口（来源：王亮 摄）

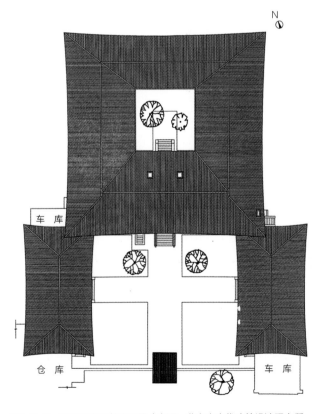

图5-3-9　万福麟宅邸总平面图（来源：曲阜市古代建筑设计研究所提供）

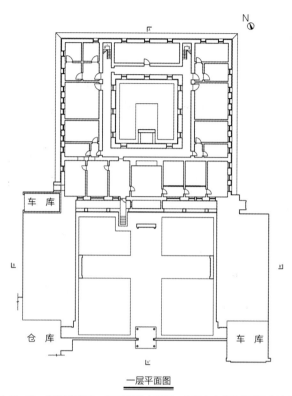

一层平面图

图5-3-10 万福麟宅邸一层平面图（来源：曲阜市古代建筑设计研究所提供）

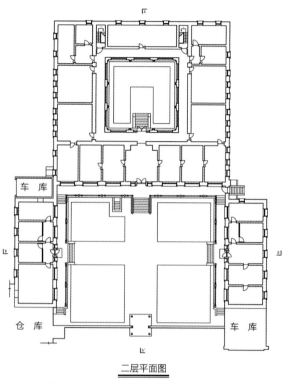

二层平面图

图5-3-11 万福麟宅邸二层平面图（来源：曲阜市古代建筑设计研究所提供）

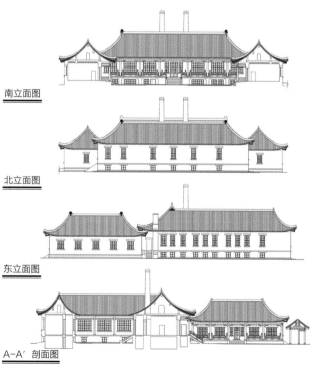

南立面图

北立面图

东立面图

A-A′剖面图

图5-3-12 万福麟住宅立面图、剖面图（来源：曲阜市古代建筑设计研究所提供）

图5-3-13 带有半地下层的正房（来源：王亮 摄）

图5-3-14 回字形正房外侧（来源：王亮 摄）

间的一种改进，进一步增强了第二进院落的私密性、保暖性、紧凑性和现代性（图5-3-16）。该建筑采用当时比较昂贵和先进的钢筋混凝土结构，也是吉林省境内运用钢筋混凝土仿木建筑的首次尝试。该建筑混凝土使用比例极高，正房及厢房采用的庑殿式坡屋顶均由混凝土梁板浇筑，而没有采用同时期常用的木屋架。檐椽及飞椽等混凝土预制构件现场现浇成为整体，施工工艺复杂，体现了当时较高的技术水平（图5-3-17）。建筑细部精致，正脊及垂脊脊头造型融合植物花草等欧式建筑装饰特征，颇有新意（图5-3-18、图5-3-19）。连廊栏杆造型亦为中西合璧形式（图5-3-20）：望柱为西式风格，栏板和地栿则为中式风格。柱间的雀替形式简洁，与栏杆造型和谐统一。入口垂花门亦为混凝土仿木结构（图5-3-21、图5-3-22），两侧青砖花格墙通透精巧，极具特色（图5-3-23）。是近代吉林省运用现代

建筑材料和技术实现中国传统意匠的成功案例。

　　吉林西站站房（吉海铁路总站）也是民国期间吉林境内的一个重要近代建筑（图5-3-24、图5-3-25）。2013年被国务院公布为第七批全国重点文物保护单位。该建筑位于

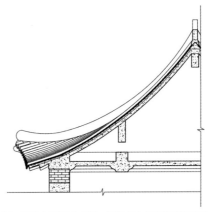

图5-3-17　翼角大样图（来源：曲阜市古代建筑设计研究所 提供）

图5-3-15　正房与西厢房通过廊庑相连（来源：王亮 摄）

图5-3-18　带有西式装饰的脊头（来源：王亮 摄）

图5-3-16　小巧精致的内天井（来源：王亮 摄）

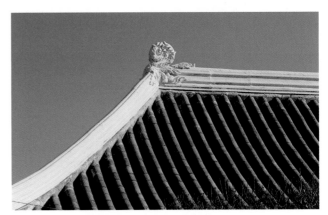

图5-3-19　西式风格的脊头（来源：王亮 摄）

图5-3-20　中西合璧的回廊栏杆（来源：王亮 摄）

图5-3-21　混凝土仿制的垂花门（来源：王亮 摄）

垂花门侧立面

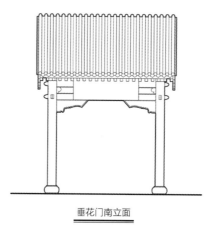

垂花门南立面

垂花门剖面

图5-3-22　垂花门立面、剖面图（来源：曲阜市古代建筑设计研究所 提供）

图5-3-23　万福麟住宅青砖花格墙（来源：王亮 摄）

图5-3-24　吉林市吉海铁路站房（来源：王亮 摄）

吉林市船营区新安街12号。1926年为了摆脱日俄对东北铁路的全面控制，连通沈阳与吉林，将奉海铁路与吉长铁路、吉敦铁路接轨联运，吉林省决定自筑吉海铁路（吉林北山至海龙朝阳镇）。吉海铁路是东北地区第一条真正意义上的完全由中国人独资建设和管理的铁路，也是东北地区引进和消化吸收国外先进科学技术最成功的标志性铁路。它的开通不仅带动了其他铁路的建设，而且拉动了铁路沿线地区社会经济的快速进步。据传为林徽因设计，梁思成审定，此说法已被学界基本否定。1928年，吉林西站的站舍及票房建成，1929年建钟塔，1930年建塔亭。为历史上中国建筑师设计的第一个铁路站房，是以俄日建筑风格为主吉林省近代建筑中唯一具有"德式血统"建筑风格的孤例。该建筑采用砖石砌体结构，为折中主义建筑风格。建筑主次分明，错落有致；造型优美，细节丰富。一改传统欧式建筑中轴对称、纵横三段的处理手法，由塔楼、孟莎顶、盔顶和坡屋顶组成生动、大气的建筑形态，造型语汇丰富而协调统一（图5-3-26）。塔亭高9米，由16根爱奥尼柱支撑双层穹顶组成。线角细腻，图案精致（图5-3-27）。候车室折型屋架高约7米，室内空间开敞。在地砖及风口等局部采用了中式图案。

该建筑与1912年由德国著名建筑师赫尔曼·菲舍尔（Hcarmann Fischer）设计的"津浦铁路济南站"风格极为相似。可惜的是济南站已在1992年被拆除。作为中国人设计的近代站舍建筑，它在国内是独一无二的，也堪称我国近代建筑史上的杰作之一。

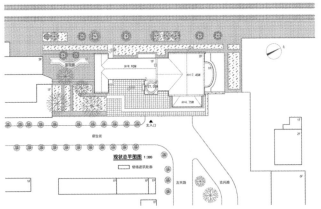

图5-3-25　吉林市吉海铁路站房总平面图（来源：北京华清安地建筑设计有限公司 提供）

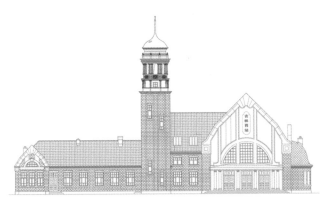

图5-3-26　吉林市吉海铁路站房立面图（来源：北京华清安地建筑设计有限公司 提供）

图5-3-27　吉林市吉海铁路站房塔楼（来源：王亮 摄）

二、民族传统的外来继承

（一）"俄中式"建筑风格的出现

　　铁路附属地建筑带来文化冲击的同时，也不可避免地与中国本土文化碰撞、融合。因此当时出现了一种比较有代表性的中俄混搭式建筑——俄中式。即墙身为俄式砖石砌体结构加上中式屋顶。这种形式的出现一方面是沙俄主动迎合中国地域文化以求得民众更大程度的认同感；另一方面是采用本地工匠习惯的做法可以加快施工进度，并方便就地取材。"俄中式"建筑的出现是吉林省近代建筑发展过程中本土化的一种尝试。是外来文化被动引入过程中对本土文化的迎合。对本土建筑的发展具有积极意义。中东铁路公主岭车站就是典型的俄中式风格（图5-3-28）。

采用中东铁路站房标准（图5-3-29）。即中式的大屋顶与俄式的山花及墙身相结合。在中东铁路四、五等站舍标准图中（图5-3-30），中式传统重檐屋顶入口处理格外醒目。

图5-3-28　公主岭车站站房（来源：《建筑艺术长廊——中东铁路老建筑寻踪》）

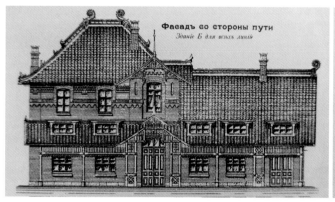

图5-3-29　中东铁路站房标准图（来源：《建筑艺术长廊——中东铁路老建筑寻踪》）

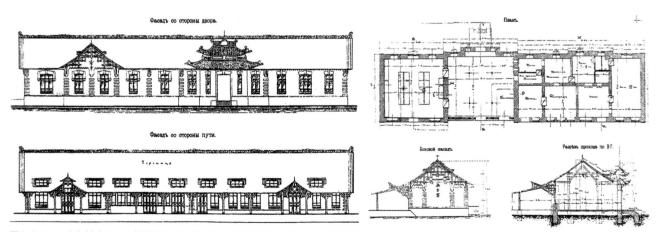

图5-3-30　中东铁路四、五等站舍标准图（来源：《建筑艺术长廊——中东铁路老建筑寻踪》）

（二）日本侵占背景下的建筑实践

九一八事变之前，通过对南满铁路的控制，日本帝国主义的势力已经进入吉林境内。部分日本建筑师也进行了融合中国地方传统的建筑尝试。

1923年由日本设计师设计的吉林市东洋医院（图5-3-31），主楼三层，砖木混合结构。采用了中式八角攒尖顶形式，门前还设有华表造型的灯具，也是外国建筑师主动吸收中国传统建筑要素的早期实践之一。中华人民共和国成立后该建筑成为吉林铁路法院，现已被拆除。

1932年"伪满洲国"成立后，开始了所谓国都建设计划。这一时期的建筑大多由日本建筑师主持设计。公共建筑以"伪满洲国"的八大机构（治安部、司法部、经济部、交通部、兴农部、文教部、外交部、卫生部）为代表，建成于1936年前后。八大部为"伪满"官厅建筑，各幢大楼的建筑风格都各不相同，但都体现为将东洋古典、中国古典与西洋古典风格融为一体的折中主义风格，它既不同于日本帝冠式风格，又不同于中国宫殿式建筑风格。有学者将这种风格称为兴亚式或满洲式。根据《中国建筑史》（潘谷西主编）的分类，可分为宫殿式、混合式、以装饰为特征的现代式。其中所谓的"宫殿式"具有强烈的国家主义色彩，是被国民政府推崇的"民族固有样式"，是对中国传统建筑的正统继承，这种风格的建筑主要在南京、上海和广州等地有作品出现。

居住建筑方面，除了建设大量规格型住宅，还有别墅、官邸等高标准建筑。风格包括中西合璧式、现代风格以及赖特弟子远藤新设计的草原住宅风格等。

吉林省在"伪满"时期，大量的公共建筑主要以满洲式等折中主义建筑风格为主，现代主义风格为辅。

1. 代表性建筑

1）"伪满"第八厅舍（交通部）

"伪满"第八厅舍（交通部）于1936年建成（图5-3-32），占地面积18464平方米，总建筑面积8056平方米（图5-3-33）。楼的主体为四层，两翼为三层，地下一层，平面呈长方形，钢筋混凝土结构，建筑最高点距地27米（图5-3-34）。一、二、三层各为1864平方米，四层483平方米。这栋楼的特点是主体中间的"人"字形山墙作为主

图5-3-32 "伪满"第八厅舍（交通部）（来源：王亮 摄）

图5-3-31 吉林市东洋医院（来源：《1895-1945年长春城市规划史图集》）

图5-3-33   "伪满"第八厅舍总平面图（来源：哈尔滨工业大学城市规划设计研究院 提供）

立面，在山墙上，做了山坠雕花处理（图5-3-35、图5-3-36），在山墙雕花下部，设有四根大理石壁柱，上设琉璃坡檐，中西合璧（图5-3-37）。整个建筑用浅褐色寸条瓷砖贴面，用深红色琉璃瓦铺顶，女儿墙的檐部设有小的垛口，并有石材的压顶。建筑两翼的端部设有凸出的窗套和阳台装

饰，类似垂花门的形式。入口处设置轮形抱鼓石（图5-3-38、图5-3-39）。

2）四道街警察署

四道街警察署（图5-3-40），规模不大。厚重的门廊与两侧车弧形车道为典型的"伪满"官式建筑常用做法，门

图5-3-34　"伪满"第八厅舍东立面图（来源：哈尔滨工业大学城市规划设计研究院 提供）

图5-3-35　主入口山面悬鱼细部（来源：王亮 摄）

图5-3-36　山面端部装饰细部（来源：王亮 摄）

图5-3-37　"伪满"第八厅舍（交通部）墙面壁柱细部装饰（来源：王亮 摄）

图5-3-38　门廊台阶抱鼓石装饰（来源：王亮 摄）

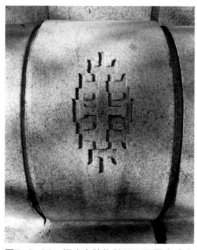

图5-3-39　门廊台阶抱鼓石正面图案（来源：王亮 摄）

图5-3-40　四道街警察署（来源：《长春街路图志》）

套装饰传统花纹。中式韵味的塔楼总控全局，也是将山面作为主入口。如今为吉林大学公共卫生学院。

3）"伪满"中央银行俱乐部

20世纪30年代现代主义建筑影响至日本本土，一些现代主义建筑师，如坂仓准三、远藤新、前川国男等人陆续来到长春。

远藤新设计的"伪满"中央银行俱乐部（图5-3-41）。既体现了赖特有机建筑的思想精髓，又通过一条长廊把中国传统建筑中的围合空间运用到设计之中（图5-3-42~图5-3-44）。

4）"伪满"第五厅舍（"国务院"）

"伪满"第五厅舍（"国务院"），是"伪满"政权的最高行政中枢机关，掌握"伪满"政权行政事务，现为吉林大学基础医学院，位于长春市新民大街126号（图5-3-45、图5-3-46）。建成于1936年，建筑面积2.05万平方米。是

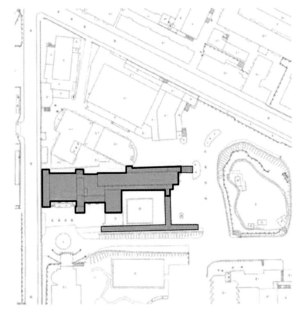

图5-3-42　伪满中央银行俱乐部总平面（来源：长春市城乡规划设计研究院 提供）

图5-3-41　伪满中央银行俱乐部（来源：房友良 提供）

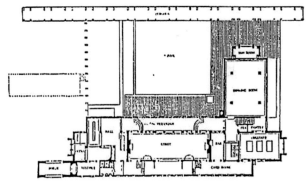

图5-3-43　伪满中央银行俱乐部平面图（来源：房友良 提供）

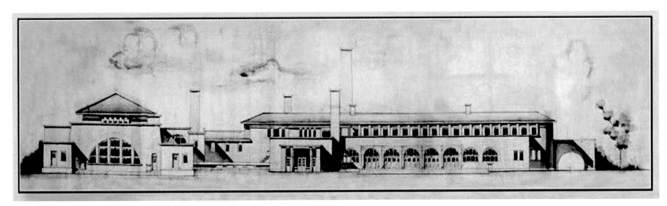

图5-3-44　伪满中央银行俱乐部效果图（来源：赵洪 提供）

"伪满"八大部建筑群中的主要建筑。平面呈"王"字形，正门朝西，南北方向设有两个次入口（图5-3-47）。该建筑由日本建筑师石井达郎设计，他对中国传统建筑有着较为深入的研究，致力于将中国传统建筑形式运用到其建筑作品中。他的设计方案按照日本关东军提出的设计要求，参照当时日本国会议事堂（现日本国会大厦）的设计风格（图5-3-48），同时采用折中主义手法，融合了中国、欧洲和日本的建筑元素，更具所谓的"满洲特色"。

建筑主入口（图5-3-49）通过4根高度达到11.95米的塔司干柱式，形成尺度巨大的门廊，使建筑入口气势威严。

图5-3-45　伪满第五厅舍（国务院）（来源：张俊峰 摄）

图5-3-48　日本国会大厦（来源：网络）

图5-3-46　伪满第五厅舍（国务院）（来源：张俊峰 摄）

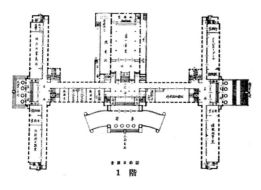

图5-3-47　伪满国务院平面图（来源：《满洲建筑协会杂志》）

图5-3-49　伪满第五厅舍（国务院）入口（来源：张俊峰 摄）

"塔楼顶部采用重檐的四角攒尖顶，虽然瓦的颜色、宝顶的细部造型以及垂脊上的兽饰都是日本式的（图5-3-50），但其曲线的屋顶及总体造型应是中式风格的。"塔楼屋面瓦件为棕色琉璃瓦，外墙面用带有凹槽的咖啡色瓷砖，并配以浅色的水刷石饰面，显得十分庄严肃穆。重檐屋顶下四面各设有4根柱式，将东方的屋顶与西方柱式有机结合在了一起。总体而言，"伪满国务院"旧址的设计借鉴了中国传统四角攒尖顶的形式、日本传统建筑构件和细部做法，又掺杂着西方折中主义建筑特征和构图形式，"将中日传统建筑的元素同欧美建筑形式很好地结合起来，创造出具有东方式秀美的形象"[①]也有学者认为该建筑是Art Deco风格中国化的代表建筑之一。

2013年，被国务院核准公布为第七批全国重点文物保护单位。

5）"伪满"综合法衙

伪满综合法衙位于长春市新民大街最南端，现为中国人民解放军461医院。始建于1932年，1936年竣工，由日本建筑师牧野正巳设计，建筑面积14859平方米，外表采用圆角曲线对称布局，地上三层，半地下室一层，局部塔楼五层，为钢筋混凝土结构，是"伪满洲国"的最高司法机关（图5-3-51）。

牧野正巳在设计"伪满"综合法衙办公楼时，并没有生硬地将西方建筑符号进行杂糅，而是大胆地使用了浪漫主义的柔媚曲线。整栋建筑造型独特，既有欧洲中世纪城堡特色又具有东方美学韵味，东西方元素结合得十分自然。建筑平面布局呈弓形（图5-3-52），主楼的塔楼部分采用"满洲式"的四方形重檐攒尖顶，方圆结合；正中为塔式楼顶，宝

图5-3-51　"伪满"综合法衙（来源：《幸福都市》）

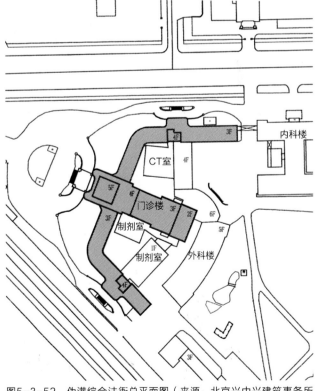

图5-3-52　伪满综合法衙总平面图（来源：北京兴中兴建筑事务所提供）

图5-3-50　伪满第五厅舍（国务院）脊头细部（来源：王亮 摄）

① 陆申烨. 建构视角下的文物建筑营造技艺与修复研究［D］. 吉林：吉林建筑大学，2018.

顶及檐口同样采用紫褐色琉璃瓦敷顶，外墙用咖啡色薄砖贴面，设计独特。"伪满洲国"综合法衙内外更是带有大量的中国装饰元素。整个建筑为流线型设计，外表采用圆角曲线（图5-3-53）。建筑最出色的设计就是采用路光天井式布局，内部有四层高的中庭，四周设回廊，上部开有玻璃采光顶（图5-3-54）。整个建筑为避免广场和两侧交通干道嘈杂环境的干扰，将建筑临街面都建成单廊的形式。建造时尽

量减小窗面积，缩小窗墙比例以有利于节能保温。1940年，大楼竣工四年后，"伪满"综合法衙被意大利建筑学会评选为最具浪漫主义色彩的近代建筑之一，牧野正巳则也闻名遐迩。

6）"伪满"第十厅舍（经济部）

"伪满"第十厅舍（经济部）位于长春市新民大街5号，现为吉林大学第三临床医院（图5-3-55）。始建于

图5-3-53　"伪满"综合法衙（来源：《长春街路图志》）

图5-3-54　"伪满"综合法衙内庭
（来源：王亮 摄）

图5-3-55　"伪满"第十厅舍（经济部）（来源：王亮 摄）

1935年，历时两年竣工，建筑面积10050平方米，钢筋混凝土结构，纵向采用三段式构图。该建筑平面为长方形，地上四层，局部五层，半地下室一层。这座当时被称作"东洋趣味的近代式"的建筑，两侧外墙是深褐色面砖，中间贴灰白色石材，中间高起部分为两坡屋顶，两侧墀头出挑。其他部分较少装饰，是当时顺天大街（今新民大街）两侧形式和外部装饰最简单的建筑。整栋建筑规矩周正，形式简洁，没有突出的塔楼，只是在正门的上方多了一层，并做了一个长屋脊的造型，正门上方用大理石装饰，借以突出与整栋建筑瓷砖装饰的差别。

7）"伪满"第四厅舍（民生部）

"伪满"第四厅舍（民生部）旧址位于长春市人民大街3623号（图5-3-56）。现为省石油化工设计院。建于1937年。整个建筑平面呈反F字形，钢筋混凝土框架结构，主楼二层、地下一层，建筑面积7000平方米，（图5-3-57）。正门朝东，台阶5级，立面采用横三段、纵三段的对称布局，中间为塔楼，由6根多立克柱支撑二层檐口，这和早期胜利大街正金银行的四根、纪念公会堂的六根外装饰柱廊一脉相承（图5-3-58）。建筑一层为长方形窗，二层为拱形窗，一、二层窗之间有双柱浮雕（图5-3-59、图5-3-60）。在正门上方，是一个方形的四坡屋面单层塔顶，四个方向上各设一个老虎窗。在整栋楼的二楼之上配有一圈东方瓦檐和装

饰性的支拱。

8）"伪满"第六厅舍（司法部）

"伪满"第六厅舍（司法部）旧址位于今新民大街828号，现为吉林大学医科大学校部（图5-3-61、图5-3-62）。该楼建于1935年。由相贺兼介主持设计。整个建筑

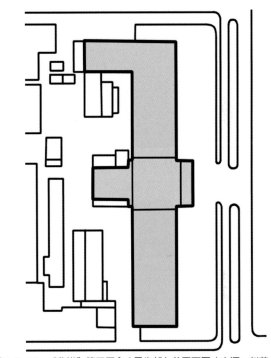

图5-3-57　"伪满"第四厅舍（民生部）总平面图（来源：赵艺 绘）

图5-3-56　"伪满"第四厅舍（民生部）（来源：房友良 提供）

图5-3-58　"伪满"第四厅舍（民生部）主入口柱廊（来源：房友良 提供）

物呈十字形，砖混结构。建筑面积1.6328万平方米，钢筋混凝土结构。"伪司法部"正门朝西，主体三层，地下一层。采用三段式构图，正中建设有重檐四坡顶有塔楼，且每坡均

有山面突出，形成层叠丰富的屋顶形态（图5-3-63）。塔楼底层为拱形窗，二、三层为条窗。建筑立面装饰细节颇为丰富。

图5-3-59　"伪满"第四厅舍（民生部）入口细部（来源：王亮 摄）

图5-3-61　"伪满"第六厅舍（司法部）（一）（来源：张俊峰 摄）

图5-3-60　"伪满"第四厅舍立面细部（来源：王亮 摄）

图5-3-62　"伪满"第六厅舍（司法部）（二）（来源：张俊峰 摄）

2. 风格特征解析

"伪满"时期近代建筑的本质上属于折中主义建筑，具有十分典型的集仿主义特点。同时具有如下主要特征[①]：

1）强调对称的构图形式

"满洲式"建筑均沿城市主干道布置，临街的一面就是它的正立面，其建筑外观基本采用古典建筑中轴对称的构图手法。为强调对称式布局的构图效果，沿中轴线布置主入口并将其所在的建筑体量向外突出，在其最上方设主体塔楼或东方式的大屋顶，同时在主入口处设高为一或多层的门廊，门廊左右两侧设对称的车道直达主入口，例如"伪满国务院"。在细部处理上，将西方古典柱式、中国传统"大屋顶"或日本"和式屋顶"形式，以及中国或日本传统建筑构件、细部做法折中糅为一体，从而使建筑体形层次分明、富于变化，立体感明显增强。

2）凸显屋顶的视觉效果

突出的主体塔楼或局部升起的大屋顶，是"满洲式"建筑在外观上最显著的共性。主体塔楼或大屋顶位于建筑物的主体部分（主入口）或转角的顶部，是最能吸引人注意的视觉焦点，但中央屋顶部分没有固定的形态，而这些高高在上的顶部具有同样的视觉冲击力。如"伪满国务院"的主体塔楼是"满洲式"建筑中最能体现其折中思想的典型，其顶部

采用重檐四角攒尖顶，屋顶下是大面积的实墙，四面檐下各配四根塔司干柱式，从而使墙面具有强烈的体积感与光影变化。其他如"伪满司法部"错落有致的塔楼，充分体现了日本传统风格的塔楼的形态；"伪满综合法衙"正中塔式楼顶采用了逐渐向上收分的重檐攒尖顶构图形式，等等。

3）重视窗口的比例关系

"满洲式"建筑的外窗一般为竖向矩形窄窗，个别建筑如"伪满司法部"、"综合法衙"的局部，设有圆拱或火焰券样式的竖向窄窗。一方面，采用较小的开窗尺寸是一种极简单经济的节能做法，能很好地满足建筑物"冬暖""夏凉"的构造要求；另一方面，排列整齐划一的竖向窄窗，具有很强的韵律感，同时，窗口在外墙面占有较小的面积，也更加突出了"满洲式"建筑庄重、肃穆的感觉，符合"伪满"时期对"政府"办公建筑（如官厅建筑）和纪念性建筑的要求。

4）极具个性的建筑装饰特征

在"伪满"官厅建筑当中，瓦当、檐口、外立面细部、窗口、门口、扶手等装饰都经过精心设计（图5-3-64～图5-3-72）。装饰构件以几何图案、中国传统图案、文字图案、兽面图案等为主要内容（图5-3-73～图5-3-81）。材料包括琉璃、石材、陶、水磨石、水泥砂浆等（图5-3-82）。瓦当是

图5-3-63　伪满第六厅舍（司法部）山面细部（来源：郭锐 摄）

图5-3-64　"伪满司法部"瓦屋面装饰细部（来源：郭锐 提供）

---

① 张俊峰. 图说"满洲式"建筑样式对长春建筑创作的影响 [J]．建筑与文化，2015.08.

图5-3-65 "伪满司法部"鬼瓦
细部（来源：郭锐 提供）

图5-3-66 "伪满国务院"窗楣细部
（来源：王亮 摄）

图5-3-67 "伪满司法部"窗口细部
（来源：王亮 摄）

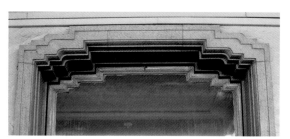

图5-3-68 "伪满综合法衙"主入口门套图案（来源：王亮 摄）

图5-3-69 "伪满综合法衙"主入口门套
装饰图（来源：王亮 摄）

图5-3-70 "伪满司法部"门
楣装饰细部（来源：王亮 摄）

图5-3-71 "伪满国务院"门楣装
饰图案（来源：王亮 摄）

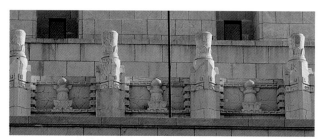

图5-3-72 "伪满国务院"装饰栏杆（来源：王亮 摄）

图5-3-73 "伪满国务院"
柱头装饰图案（来源：王亮 摄）

图5-3-74 "伪满国务院"梁下装饰图案
（来源：王亮 摄）

图5-3-75 "伪满司法部"简化后
的兽面装饰（来源：王亮 摄）

图5-3-76 "伪满综合法衙"正门装饰图案
（来源：王亮 摄）

图5-3-77　"伪满综合法衙"楼梯端部装饰图案（来源：王亮 摄）

图5-3-78　"伪满综合法衙"门厅梁底装饰图案（来源：王亮 摄）

图5-3-79　"伪满综合法衙"室内梁面几何图案装饰（来源：王亮 摄）

中、日传统建筑上的常见构件，在南满铁路时期到新中国建设时期都有较多使用。以"伪满洲国"期间的瓦当设计最为用心。如"伪满洲国司法部"瓦当上的盘长图案（图5-3-83），是典型中国传统吉祥图案之一，俗称吉祥结。原为佛教宝物，象征无始无终，永恒不灭。瓦当上的盘长图案寓意着法律长久永恒并赋予其宗教意义；"伪满洲国国务院"的"王"字形图案瓦当霸道、威严以明示其权威性（图5-3-84）。"伪满洲国综合法衙"的瓦当与其建筑各部的装饰图案高度统一（图5-3-85）；在"伪综合法衙"建筑中，梁托部分装饰有中国传统"黻纹"的变形图案，寓意两己相背，善恶分明之意。在"伪满综合法衙"的审判庭内，主墙面借用中国传统的龙形图案以显示"至高无上"的权威性（图5-3-86）。

传统建筑文化在近代中国近代建筑中的融合及发展主要通过两种途径。一是外来文化的"本土化"，另一种是传统建筑体系的"洋化"。有学者指出"不论是国民党时期的'民族固有形式'，日伪在长春的'兴亚式'，还是1950年

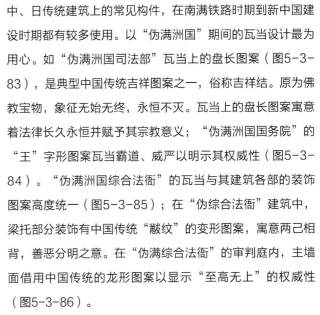

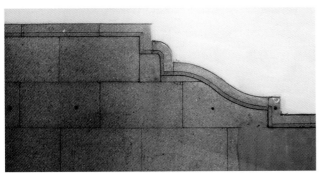

图5-3-80　"伪满综合法衙"室内墙裙（来源：王亮 摄）

图5-3-81　"伪满司法部"大堂楼梯扶手端部抱鼓石（来源：王亮 摄）

图5-3-82　"伪满司法部"精致的水磨石地面（来源：王亮 摄）

图5-3-83　"伪满司法部"盘长图案瓦当（来源：张耀天 摄）　　图5-3-84　"伪满国务院"的"王"字形图案瓦（来源：郭锐 摄）

图5-3-85　"伪满综合法衙"瓦当（来源：郭锐 摄）

图5-3-86　"伪满综合法衙"大法庭墙面龙形墙饰（来源：王亮 摄）

代的以'民族的形式表达社会主义的内容'，都返归中国传统建筑式样寻找出路，成为中国现代主义的一部分。"（刘亦师）

第四节　吉林省近代建筑的影响和历史价值

吉林省近代建筑以中东铁路建筑遗存和"伪满洲国"时期建筑为代表。在全国近代建筑史上具有重要地位，对新中国成立后的公共建筑设计产生重要影响。其中大部分建筑已经被评为国家级、省级和市级文保单位。

中东铁路是吉林省境内最大的工业遗产，也是国家20世纪工业遗产的重要组成部分，从社会的政治、经济、文化多个层面，不仅见证了沙皇俄国和日本帝国主义侵略东北的历史，同时也记录了西方工业文明对近代东北城市化的影响与演变。"中东铁路吉林段建筑遗存，形式、风格异常多样，俄、日、中风格及其相互交融混合的结果均在此有所反映。另外中东铁路沿线建筑的标准化设计及根据当地气候、材料等条件做出的相应变更，也在吉林段遗存上得到体现，充分反映了因铁路修建而带来的文化碰撞、交流和融合现象。"[①]建筑遗存类型丰富，包括站房建筑、办公建筑、医院建筑、居住建筑、学校、教堂等。建筑风格具有鲜明的特征。如中西合璧、东西合璧等折中主义风格，具有较高的历史价值、艺术价值和社会价值。如吉林省四平市公主岭俄式建筑群、铁路机车修理库、德惠站俄侨学校（大白楼）、东正教堂、陶赖昭铁路公寓等。保护以中东铁路为主体，行业附属建筑为辅助的系列工业文化遗存，发掘和利用中东铁路南部支线的历史资源，皆具有重要的历史价值、科研价值和实证意义。文化碰撞、交流和融合形成的物质形态在建筑中得到充分展示和记录。

"伪满洲国"成立后，长春被确定为"国都"——新京。1937年全面抗战爆发。"伪满洲国"成为日本侵华的大后方。与国内大多数地方战火纷飞，民生凋敝，城市建设陷于停顿甚至倒退不同，为了欺骗世界舆论，粉饰太平，日伪当局开展了大规模的建设活动。作为"首都"，在较短时期内，长春迅速成为一座现代化城市。一批具有较高设计水准

① 北京国文琰文化遗产保护中心有限公司：《中东铁路建筑群吉林段总体保护规划》，16页。

的建筑为城市留下深刻的记忆。"伪满洲国"成立之后，以"新京"为中心出现了一种以行政办公建筑、重要的"纪念性"建筑或宗教建筑为主要载体的建筑形式，这种形式在当时的专业杂志《满洲建筑杂志》上被称为"满洲式"。"满洲式"是指"伪满洲国"成立之后，为达到所谓"日、朝、满、蒙、汉""五族协和"目的，体现"新满洲、新国家、新形象"，而出现的一种借鉴中国传统的"大屋顶"建筑形式和日本传统建筑构件、细部做法，又掺杂有欧洲折中主义建筑特征与构图的一种建筑样式。这种由日本建筑师设计的建筑类型，占据了当年长春"伪满洲国"政府办公建筑和纪念性建筑的主导地位。由于没有经过一个完整的成型期，"满洲式"建筑还缺少明显的共性特征，在学术上还不能称为一种独立的建筑流派，其影响范围也较小。

"伪满建筑作为特定时期的产物，其文化内涵具有明显的复杂性。一方面，日本建筑师受西方先进建筑思想影响，开始了对现代建筑风格、建筑理念的探索，这种探索不仅体现在日本国内'帝冠式'建筑的盛行，更伴随着日本侵略的步伐，日本建筑师将日本传统建筑形态与西方建筑理念相结合，互为借鉴，形成了'伪满建筑'别具一格的现代建筑风格，这无疑是对建筑理念、建筑形式的一种合理探讨。长春众多'满洲式'建筑是当年一批日本来华建筑师将西方建筑艺术的新潮与日本、中国等的建筑艺术融汇为一体的实验产物。然而，另一方面，建筑作为一种传播符号，在'伪满'时期成了日本进行文化侵略的工具，它企图以'伪满建筑'的现代性淡化其侵略本质。"[①]

民族建筑现代化的过程是一个突变到渐变的过程。在被迫打开国门后，帝国主义的商品由沿海逐渐进入中国腹地。西方新的结构体系、新的建筑材料、新的建筑式样彻底颠覆了传统木构体系。外来文化带来的这种突变，在本土化过程中逐渐与中国传统建筑文化相融合。无论是主动融合还是被动融合，这种努力一直未有停止过。对吉林省而言"俄中式"风格、民国风格以及所谓"满洲式"风格等都是继承传统的重要过程。这种在殖民地、半殖民地时期建设的吉林省近代建筑，厚重的体型较好地呼应地域气候，注重卫生的意识对采光、通风的要求改进了传统的功能布局，新技术、新材料的使用使建筑的防火、抗震等安全等级得到极大提升。这些建筑代表了当时较高的设计水平、建造水平。对于中国传统的融合也成了中国近代建筑的组成部分之一。

如何客观地看待这段历史？批判地继承和吸收其建筑技术、建筑艺术的有益内容？2012年，以"伪满洲国"行政中枢"八大部"主要建筑构成的长春市新民大街被列入中国历史文化名街；2017年10月长春市被评为国家历史文化名城，这些都是我们文化自信不断增强的一种体现。

---

① 彭缘. 浅析伪满建筑的文化内涵［J］. 人间，2016.05.

第六章　吉林省当代建筑的传承与创新

　　中华人民共和国成立后，吉林省进入快速发展阶段。尤其是在"一五"至"三五"计划时期，伴随着众多大型国有企业的建立，城市格局和城市风貌出现了显著地改变，工业生产也跃上新台阶，基本建设空前繁荣。建筑文化发达，无论是公共建筑、工业建筑还是居住建筑都留下那个时代鲜明的特色。尤其是在民族传统的继承与发展方面建筑创作达到国内较高水平。"文革"结束后，随着计划经济向市场经济转型，以大型工业企业为支柱的经济发展不同程度地受到影响，城乡建设发展逐步趋缓，吉林省的建筑创作在继承和创新的探索方面逐渐呈现多元化、差异化发展的趋势。在呼应地域气候、呼应地域文脉、新语汇传统化、新材料地域化等方面进行了尝试与实践。地域特色建筑、民族特色建筑、历史建筑保护与利用等地域建筑文化在白山松水之间得以传承和发展。

第一节　20世纪50～60年代建筑创作高峰期

新中国成立初期，在重点建设东北重工业基地的方针指导下，吉林省成为国家工业建设的重点地区，长春市和吉林市被列为东北工业基地的重点建设城市。1953年至1957年的"一五"计划时期，全国156个苏联援建的重点建设项目中，吉林省占据11项。长春第一汽车制造厂、长春柴油机厂、长春机车厂、长春拖拉机厂、国营二二八厂、吉林化肥厂、丰满发电厂等一批国家级的骨干企业新建、扩建并投产，使吉林省工业跨越到了一个新的水平，同时也促使城市的格局发生了重大的变化。长春市由原来的消费型城市逐步转变为生产型城市。这期间，许多国家直属的施工企业和省内的建筑企业共同承担了国家的重要建设项目，50年代初到60年代初完成的长春市"十大建筑"成为该时期建筑成就的杰出代表。其中包括在"民族的形式，社会主义的内容"思想主导下完成的长春地质宫和吉林省图书馆；体现着简洁明快现代主义风格的长春光学精密机械研究所办公楼和地质学院办公楼；体现朴实端庄的实用主义表达的吉林大学理化楼和长春市工人文化宫等。这些建筑具有鲜明的时代特征，代表着当时中国建筑较高的设计水平，具有重要的历史价值、艺术价值和社会价值，也是东北老工业基地建设时期的重要历史记忆。

20世纪50—60年代是吉林省建筑业发展较快的历史阶段，基本建设量大，建筑形式多样，建设速度较快，吉林省迎来了建筑创作历史上的第二个高峰期。

一、居住建筑

新中国成立初期，百废待兴，这一时期吉林省内居住建筑以单层平房为主，随着城市的发展出现了一些特殊的多层居住建筑。

吉林市工字楼（图6-1-1）建于20世纪50年代末，是不多见的火炕楼之一。之所以取名工字楼，是因为工字楼的平面形状像汉字的"工"字，也代表工农联合。全楼一共7个单元，4层。每个单元有四户，工字楼的户型多为30平方米左右，最大也不过50多平方米。

该建筑采用火炕进行冬季供热。火炕是东北地区平房常用的供热方式之一，也是东北居住建筑由平房向楼房过渡期间产生的一个特殊现象。但由于火炕荷载大，烧炕燃料运输不便，烟尘污染等因素，随着经济发展和生活水平的提高这种形式的房屋很快被淘汰。

图6-1-1　吉林市工字楼（来源：赵艺 摄）

1953年，随着第一个五年计划的启动，苏联援建的项目在吉林省内逐步落地实施，在吉林省内配套建设了许多外国专家楼（图6-1-2～图6-1-4）。这些建筑带有俄式建筑的特点，形式简洁、朴素大方，仅在檐口、阳台及门廊部分有欧式浮雕花纹装饰。成为那个时期居住建筑的一种特殊风格。

这一时期吉林省住宅建设的水平也上了新台阶。对民族形式的探索也在住宅设计中得到充分体现，成为特定历史时期的一道独特风景。以第一汽车厂生活区和吉林柴油机厂生活区为典型代表。

第一汽车厂厂区和生活区是新中国最大的厂区和配套生活区之一，是东北老工业基地建设重大时代成就的见证。目前工业生产、生活区功能与单位大院集体生活记忆延续良好。

厂前生活区由苏联专家规划、上海华东建筑设计院王华彬主持设计。采用半封闭街坊式布局。单体建筑大量采用中国传统建筑要素。

第一汽车厂生活区借鉴苏联经济型住宅经验，按照邻里单位的规划理念，采用围合式院落空间，是当时国内全新的居住形态。1953年建成的300宿舍区建筑完全采用了苏联国内的形式。建筑的外表面以清水红砖墙为主，门窗的上方都是用红砖发券并配有简洁的西方元素，如拱券、浮雕等。建

图6-1-2 吉林市制糖厂波兰专家楼（来源：王亮 摄）

图6-1-3 吉林化学工业公司苏联专家楼（来源：赵艺 摄）

图6-1-4 吉林化学工业公司苏联专家楼细部（来源：赵艺 摄）

筑材料采用红砖，整体采用西方的三段式布局。而1954年同样在一汽建成的住宅则采用当时流行的民族形式（图6-1-5~图6-1-11）。在建筑转角的屋顶处设有重檐攒尖顶，体现中国传统的建筑符号，攒尖顶上的宝顶、垂脊、吻兽，以及檐下的斗栱、梁枋都在传递着设计者对中国传统文化的诠释，包括阳台的石栏杆和墙体上的彩绘，也在模仿中国古建筑的特征。整个攒尖顶的设计使得其作为53栋的视觉中心，在立面上与周围的建筑形成主次关系，体现中国传统官式建筑特色，成为该时期独特的住宅建筑风格。但由于造价的增加，后期成为反浪费运动的典型。

2015年该区域被评为中国首批历史文化街区。

图6-1-7　第一汽车厂住宅一期细部（来源：王亮 摄）

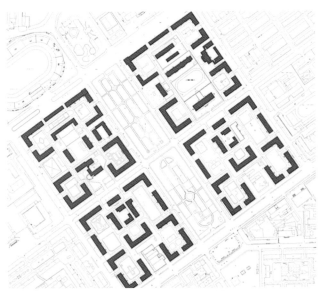

图6-1-5　第一汽车厂住宅总平面图（来源：自绘）

图6-1-6　第一汽车厂住宅一期（来源：王亮 摄）

图6-1-8　第一汽车厂住宅二期（来源：王亮 摄）

图6-1-9　第一汽车厂住宅二期（来源：王亮 摄）

图6-1-10　第一汽车厂住宅二期（来源：王亮 摄）

吉林柴油机厂（原代号国营636厂）是国家"一五"期间重点建设的项目，位于长春市二道区，曾经与长春第一汽车制造厂一样声名赫赫。与一汽同一时期建设的吉柴宿舍区（图6-1-12、图6-1-13），建筑部分采用了传统建筑符号。阳台屋顶有垂花门木构架造型，也是中华人民共和国成立初期吉林省居住建筑民族化的典型实例之一，目前该区已经被列为国家级文保单位。

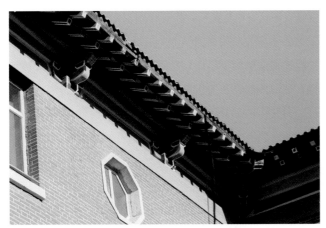

图6-1-11　第一汽车厂住宅二期檐部（来源：王亮 摄）

图6-1-13　吉柴宿舍区（来源：王亮 摄）

图6-1-12　吉柴宿舍区（来源：王亮 摄）

二、公共建筑

这一时期吉林省公共建筑设计方面也得到较大发展。长春地质宫、吉林省图书馆、长春市体育馆、吉林省宾馆、长春市工人文化宫、地质学院鸽子楼、吉林大学理化楼、长春光学精密机械研究所、南湖宾馆等长春"十大建筑"就是这一时期的杰出代表。

（一）民族形式表达

"一五"期间，在苏联倡导的"社会主义的内容，民族的形式"思潮的影响下，中国建筑界也出现了建筑复古风潮。北方传统官式建筑样式成为主要继承对象。"大屋顶"成为民族形式的主要视觉符号。除了罕见地在一汽职工住宅中得到体现，更多地在公共建筑中得到运用。除了大屋顶，建筑外观上的细部处理也充分体现中国传统建筑特色，彩绘、雀替、额枋、云纹等传统建筑符号也在室内外得到应用。但由于造价违背建国初期的经济状况，这种形式很快受到批评，在随后的建筑创作中，对"民族形式"的认知逐步趋于理性。

长春市地质宫坐落在长春市解放大路与新民大街交会处。建成于1954年，是长春有史以来第一座采用高台基、大屋顶、古典彩饰手法设计的宫殿式仿古建筑（图6-1-14）。建筑面积约3万平方米，是当时长春最大的单体建筑。该建筑最早是作为"伪满"正式帝宫来修建的，1938年动工，由于太平洋战争的爆发而停建，新中国成立前只完成地下部分。新中国成立后，因其当时作为长春地质学院教

学楼，故名"地质宫"。地质宫在延续了原"伪满"帝宫的设计图纸和建筑风格的基础上进行了重新设计，成功地把中国古典建筑形式运用到新建筑中，建筑为单檐歇山绿琉璃瓦顶，两侧为双重檐歇山绿琉璃瓦顶，呈"一"字形排开，只是中部屋脊比两侧高出。檐口、斗栱、梁枋进行彩绘。高高的台阶之上，门廊高两层，由6根直径1米以上的圆形朱红明柱撑起，威严壮观，汉白玉阳台栏杆，华贵高雅（图6-1-15）。

吉林省图书馆位于新民大街，是吉林省第一座大型综合性公共图书馆（图6-1-16、图6-1-17）。1958年投入使用，建筑面积0.9万平方米，平面采用"T"字形，对称

图6-1-14　地质宫（来源：王亮 摄）

图6-1-15　地质宫细部（来源：王亮 摄）

图6-1-16　吉林省图书馆鸟瞰图（来源：《吉林省当代建筑概览》）

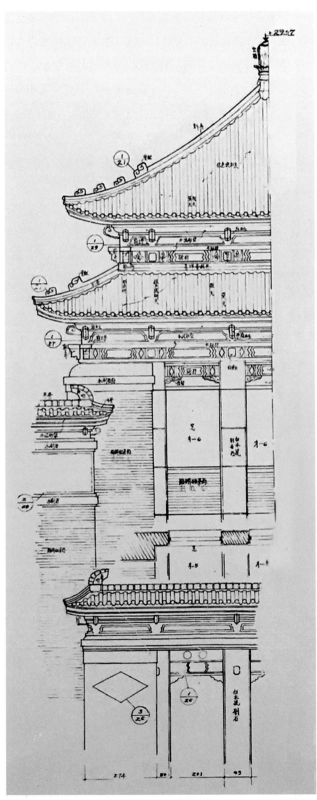

图6-1-17　吉林省图书馆施工图局部（来源：吉林省建苑设计集团有限公司 提供）

式布局，为钢筋混凝土结构。由于吉林省图书馆迁移搬入新址，该建筑现为吉林省文化厅使用。原设计方案为具有中国古典建筑风格的琉璃瓦、双层大屋顶。后因国家推行"厉行节约"的政策，改为单檐屋顶。该建筑中轴线设在突出位置，建筑一层设门廊入口，建筑立面对称简洁。顶层局部为五层，采用绿色琉璃瓦单层攒尖顶，对称的两翼也采用单檐攒尖顶。在细部处理上运用了雀替、额枋、门簪、花卉浮雕等中国传统建筑符号（图6-1-18、图6-1-19），在楼梯扶手等处也有精心设计的中式风格构件（图6-1-20）。建筑细部丰富，比例恰当，造型优美。图书馆与新民大街相邻的"伪满"官厅建筑在体量、层高、造型和色彩等方面基本协调一致，是单体建筑与周围建筑群体环境结合较好的范例。

图6-1-18　吉林省图书馆细部（来源：王亮 摄）

图6-1-19　吉林省图书馆细部（来源：王亮 摄）

以白色水泥砂浆线条及传统装饰纹样；主入口琉璃瓦坡檐门斗。建筑时代特色鲜明（图6-1-21~图6-1-23）。

图6-1-21　吉林省水利厅办公楼（来源：孙旭 摄）

图6-1-20　吉林省图书馆扶手（来源：王亮 摄）

图6-1-22　吉林省水利厅办公楼主入口（来源：孙旭 摄）

吉林省水利厅办公楼位于人民大街与呼伦路交汇，建于20世纪50年代，地上三层，砖混结构。也是当时较有代表性的民族形式建筑。建筑采用三段式构图，屋顶为瓦屋面坡屋顶形式。立面细节丰富，檐口部分装饰有斗栱、彩绘檐椽；勒脚为水刷石（现状为花岗岩及蘑菇石）；墙身为红砖，饰

图6-1-23　吉林省水利厅办公楼檐口细部（来源：孙旭 摄）

（二）现代主义表达

　　吉林省内的现代主义建筑早在满铁附属地时期就已出现，新中国成立后又取得了进一步发展。建筑的新型功能促使设计师突破传统，采用简洁的现代主义表现形式。虽不是这一时期的主流风潮，却也丰富了建国初期吉林省的建筑风貌，其中也不乏精品之作。

　　长春光学精密机械研究所（图6-1-24）位于南湖湖畔，1959年建成。建筑面积7000余平方米，地上4层，砖混

结构。建筑平面采用非对称式布局，造型简洁，并无冗赘的装饰，但交错的体块形成错角使光影变化丰富，具有典型现代主义建筑特征。正面入口上方有混凝土雨棚，光影效果也颇有特色。墙面采用防火砖，细部处理较为精致，这在新中国成立初经济困难时期的大背景下愈显可贵。

　　长春地质学院鸽子楼建筑位于长春市建设街，始建于1951年，最初为东北工学院地质系，现在是吉林大学地球科学学院教学办公楼（图6-1-25）。著名地质学家李四

图6-1-24　长春光学精密机械研究所（来源：《吉林省当代建筑概览》）

图6-1-25　地质学院鸽子楼（来源：《吉林省当代建筑概览》）

光、喻德渊、俞建章等一大批大师级人物，都曾在这里传道授业。该楼的设计上根据该楼所处的具体环境和不受地域限制的特点，以实用和经济为原则，选择了"非对称、积木堆砌"现代设计手法，大胆巧妙地应用了人体艺术造型，尽管不对称，却又感觉很均衡。设计者为附和东北工学院的校名，将校门开在了东北向。在施工中，为追求主楼外墙色调的变化，采用了"摔浆法"工艺，以尽可能地使水泥墙面颜色变深，同时，为不使墙面颜色过于深暗和死板，在墙面隔段距离抹光以下，便出现了"之"字形花纹，因图案与鸽子的形状极为相似，得名鸽子楼（图6-1-26）。

（三）实用主义表达

"朴实端庄，实用主义"也是这个时期建筑创作的主调之一。在结构、样式、细部等方面，除了保存着中国人熟悉的建筑符号和严谨的比例关系外，造型相对朴实，构图简洁，庄重而不失传统意味。朴实端庄成为建筑表达的主题，中国现代建筑也在继承与发展中探索着属于自己的前行方向。

长春市体育馆（图6-1-27）建成于1957年，坐落在城市中轴线人民大街上，是吉林省第一座大型的公共综合性体育馆。体育馆主楼建筑平面呈"工"字形，建筑面积约1.4万平方米，高四层，采用桩基础和钢筋混凝土框架结构。体育馆跨度42米，长60米，高26米。建筑立面对称式布局，主

入口处正门和突出两翼分别装饰中式传统纹样与五角星图案浮雕。顶部为大跨度网状角钢结构。改造后的体育馆已经不再是初期的砖红色，变成了具有现代感的银灰色。1988年该建筑入选英国《世界建筑史》。

吉林大学理化楼建筑位于长春市朝阳区解放大路，总建筑面积达4.3万平方米，主体6层，局部9层，钢筋混凝土结构（图6-1-28、图6-1-29）。全部工程在1964年初全部完成，成为当时国内各大学规模最大、设施完善的教学大楼之一。建筑造型简洁，立面对称，整体颇显庄重。平面对称式布局，主入口大门突出、稳重、雄伟。建筑立面只有檐口部分有简洁的装饰，檐下有仿斗拱的构件。檐口下部和局部设有传统纹样图案浅浮雕装饰，具古朴的民族传统建筑风格特色；但建筑高、宽体量比例、门窗洞口的划分比例又别于传统的民族建筑形式，尤其是中轴线顶层北部，局部采用双曲拱壳样式，反映出当时建筑技术的发展水平。

吉林省宾馆始建于1958年，位于长春市中心人民广场（人民大街76号）上，占地近5万平方米。主楼为7层，两翼各5层，砖混结构，立面形式中轴对称，呈水平三段式布局，外墙贴砖，黄白相间，颜色鲜明，整体朴素简洁，檐口及建筑细部处理上采用云纹装饰线条等中国传统建筑元素，屋顶起翘，檐口出挑，具有中国传统建筑的神韵（图6-1-30~图6-1-32）。

图6-1-26　地质学院鸽子楼墙面细部（来源：《吉林省当代建筑概览》）

图6-1-27　长春市体育馆（来源：《吉林省当代建筑概览》）

图6-1-28 吉林大学理化楼（来源：郭锐 摄）

图6-1-29 吉林大学理化楼（来源：吉林省建苑设计集团有限公司 提供）

图6-1-30　吉林省宾馆鸟瞰（来源：郭锐 摄）

图6-1-31　吉林省宾馆（来源：王亮 摄）

长春冶金建筑专科学校（现长春工程学院）礼堂位于长春市红旗街与宽平大路交汇，原功能为礼堂和电影院，现为学生活动中心。该建筑局部三层，单层的观众厅屋面采用连续拱型结构，形式与功能完美结合，造型简洁明快。水刷石饰面，少量线条装饰，具有20世纪50年代新中国早期建筑的典型风格（图6-1-33、图6-1-34）。

图6-1-33　长春冶金建筑专科学校礼堂（来源：孙旭 摄）

图6-1-32　吉林省宾馆细部云纹图案（来源：王亮 摄）

图6-1-34　长春冶金建筑专科学校礼堂正立面（来源：孙旭 摄）

第二节　改革开放以来的建筑创作回顾

一、以功能实用为主的建设恢复阶段（1978～1990年）

"文化大革命"结束后，伴随改革开放，大规模的城市建设工作陆续展开，使得一度陷入停滞的吉林省建筑市场逐步回暖。省内建筑师的视野逐渐开阔，面对西方纷繁的建筑流派和理论以及大规模的工业化社会生产的需求，现代主义成了当时的主流选择。由于吉林省在计划经济向市场经济转型过程中，经济发展步伐趋缓，在建筑技术、建筑材料以及设计观念等方面相对滞后于国内的一些发达地区，因此其建筑创作尽管在大方向上同当时国内主流方向保持一致，但多数建筑作品更多地关注于功能和效率，采用常规技术和材料，形成了以实用为主的朴素的建筑创作观。设计着眼于建筑本身，侧重满足基本的使用功能要求，对于单体建筑的空间感受和外部形态不做过多地考虑，反映在建筑外观上，则是缺少细部设计、略显单一。

这个时期是福利分房到货币购房的转变时期，居住建筑以满足基本生活空间的需求为主要设计目标。以旧城改造为主（约占60%），新建小区为辅（约占40%）。住宅内部的户型设计还不完善，生活配套设施较差。对住宅的外部形态处理也是以实用为主，无论是在造型上还是饰面材料的选择上一般都不做过于复杂的处理。

20世纪80年代以来，随着经济的复苏，吉林省各大城市中涌现出一批代表了当时较先进技术水平的高层建筑和大型民用建筑作品，主要为旅馆建筑、办公建筑、商业建筑等。由于对高层建筑缺乏设计经验，加之对建设速度的要求，产生了一批仅满足基本功能要求、外形类似"火柴盒"的高层建筑。

长白山宾馆是80年代初期吉林省第一座高层宾馆建筑，1982年竣工。项目位于长春市新民大街1448号，建筑面积6.98万平方米，由吉林省建筑设计院设计，是当时最具划时代意义的一座建筑（图6-2-1）。主楼平面呈"一"字形布局，地上12层，局部13层，地下1层为人防地下室。楼顶设有展望台，可以俯瞰整个春城的景色。设有客房300套。建筑采用箱型基础，框架剪力墙，现浇钢筋混凝土结构。整个大楼为平屋顶板式建筑，于大楼两侧设置室外楼梯间，立面造型简洁，用水平线条划分建筑立面。光洁的外墙采用米黄色面砖和橄榄绿马赛克贴面，浅绿色横白窗带，朴素淡雅。

延吉白山大厦（图6-2-2）建于1984年，位于延吉市友谊路66号，建筑面积10082平方米，框架结构，由延边建筑设计研究院设计。建筑更多地注意平面功能的组织，在建筑形式上则与当时的许多高层建筑一样，以突出简洁、方正的形象为主，也采用水平线条构图，在建筑沿街立面的檐口部有竖向装饰线条，色彩与楼体每层的水平色带一致。

图6-2-1　长白山宾馆（来源：《吉林省当代建筑概览》）

图6-2-2　延吉白山大厦（来源：《吉林省当代建筑概览》）

吉林省彩色电视中心（图6-2-3）位于长春市新民大街中段西侧，建成于1986年，吉林省建筑设计院设计。建筑平面呈"一"字形板式布局，地上17层，地下2层。功能齐备、布局合理，框架剪力墙结构。该建筑设计手法简洁，主楼与裙房在体量和立面上横纵划分明确，整体稳重而高耸。建筑外墙以米黄色面砖饰面，属于典型早期现代主义建筑风格。彩电中心所在的新民大街是"伪满"时期诸多重要历史建筑的所在地，其巨大的体量与整个街区的尺度形成了鲜明的对比，可见当时，新建建筑与原有历史建筑及历史街区的

图6-2-3　吉林省彩色电视中心（来源：《吉林省当代建筑概览》）

协调方面尚未引起足够的重视。

值得肯定的是，这一时期的文化、体育建筑创作上却涌现出一些符合国情、深入生活，既有很强的功能性，又有鲜明时代性、艺术性的建筑作品。

吉林市冰上运动中心（图6-2-4）建于1986年，总占地面积为6万余平方米，由哈尔滨建筑工程学院设计院设计，是集滑冰、滑雪训练和体育旅游于一体的综合性基地，主要建筑有冰球馆、冰球训练馆和速度滑冰场。吉林市冰上运动中心的建成结束了吉林市冰上运动员依靠自然冰场训练的历史。作为冰上运动中心的主场馆，冰球馆坐西朝东，建筑面积约8000平方米，3500个座席，内部功能完善。屋面采用大跨度的双层悬索结构，质地轻盈，屋盖的锚拉索与墙面相结合，构成曲折起伏的屋顶轮廓，其内部空间新颖明快、韵律感强。建筑以白瓷砖贴面，正面和背面都由17个19.5米高的冰刀造型的水泥柱夹梯形钢窗构成，但后面的水泥柱略低于前面。屋顶与立面墙壁构成椭圆抛物线形，极具视觉动感。屋顶上有77个锥体采光天窗。整个建筑宛如用冰棱、冰柱、冰块组合而成的冰建筑，艺术地展现了冰与力、力与美的和谐统一。这个地域特色鲜明的成功作品，后来因城市建设而拆除。

在探索新的建筑形式过程中，吉林省也受到国内当时"大屋顶"高调回归风潮的影响，部分建筑刻意模仿传统

图6-2-4　吉林市冰上运动中心冰球馆（来源：《吉林省当代建筑概览》）

形式以达到文化心理上的回归。设计手法上主要采取对传统建筑形式片段的再现，但也在一定程度上导致了新的形式主义。

长春地质学院图书馆（图6-2-5），吉林省建筑设计院设计。完成于20世纪90年代初，位于长春市文化广场东侧，与地质宫毗邻。其尺度、细部以及整体设计水平与地质宫相比都有一定程度的下降。

延边农业银行（图6-2-6）。项目位于延吉市参花街112号，由延边建筑设计研究院设计，1986年竣工，结构形式为框架结构，建筑面积1462平方米。建筑主体为中轴对称式，在外部形态设计中，也提取了很多朝鲜族传统建筑符号作为其造型要素，如歇山屋顶、柱廊与斗栱、石栏杆等。从中可以看出，设计者在满足现代的使用功能的同时，以民

族形式或符号来表达建筑文化内涵的尝试，具有很强的时代特征。

二、建设量激增的快速发展阶段（1991～2000年）

20世纪90年代初，伴随着社会经济快速发展，建筑业也开始了自上而下的一系列改革，建筑创作的观念、方法、技术不断进步。在完善单体设计的同时，加强了对城市整体空间环境的把握。建筑创作从主要着眼于功能与形态，发展到开始注重新材料、新技术的有效使用。部分建筑创作者开始思考建筑形态与保护延续城市文脉的关系，并尝试使新旧建筑在城市街道空间环境之中协调共生。吉林省的建筑创作也进入了一个新的时期。

这一时期的建筑作品在满足基本的适用要求基础上，对建筑所承载的精神内涵给予了更多的关注。建筑外观更讲究体块的穿插与变化，也更注重新建筑与周边环境的整体协调。建筑材料更加丰富，彩色玻璃幕墙、外墙面砖在这一时期的公共建筑中得到了广泛的应用。建筑施工技术也有很大的提升。

住宅建筑方面，人们的居住方式发生了本质的改变。从小区规划到住宅建筑的风格形态都以市场为导向，寻求利润最大化。这一时期的住房以满足实用需求为主。住宅以6～7层为主，高层住宅还不被大多数人接受。住宅建筑的居住环境与品质得到改善的同时，建筑形态上各种风格混杂，公共建筑中的欧陆样式在住宅建筑中也有典型的体现。欧陆风的盛行体现了这一时期的社会价值观。

在公共建筑方面，90年代，吉林省内出现了大批高层建筑，在平面形式上较80年代有所创新，不再是简单的矩形平面，体量上开始考虑对周边城市空间的影响，重新审视主楼与裙房的形态组合对于城市空间的影响。

长春名门饭店（图6-2-7）位于人民大街4501号，1996年竣工，建筑面积3.5万平方米，23层，由吉林省建筑设计院设计。建筑平面呈"Y"字形，外部形体既简洁

图6-2-5　原长春地质学院图书馆（来源：王亮 摄）

图6-2-6　延边农业银行（来源：《吉林省当代建筑概览》）

又富于变化，充满典雅之美。建筑立面为淡粉色小块面砖饰面。深远的主入口雨棚满足大量客流的使用要求，与车道配合得相得益彰，使整个主入口看起来庄重、大气。酒店按五星级标准设计和施工，内部功能符合涉外豪华旅游酒店的标准，大厅等公共空间的设计细腻、别致。建筑立面造型上通过使用无框落地清玻，使室内外空间的有机交融，给入住者带来愉悦的心理感受。缺点是沿人民大街一侧的前导空间略显局促，建筑背街立面的处理稍显单调。作为城市空间中的立体化形象，应该在不同角度给人以美的感受。

长春市人民银行营业楼（图6-2-8）位于长春市人民大街与解放大路交会处，1996年竣工。地上21层，地下2层，总建筑面积2.3万平方米，由吉林省建筑设计院设计。建筑主体分为高层主楼和培训中心主楼两个独立结构单元，框架剪力墙结构。建筑主体采用竖向带状玻璃幕墙，建筑中部为金色幕墙以中国古代"布币"图案为原型抽象为建筑立面幕墙形式，用以体现该建筑的金融属性（图6-2-9）。局部开小窗，增加了建筑的趣味感，建筑转角处采用减缺的处理手法，较好地呼应了周边道路的空间关系。

吉林市电业局微波调度楼（图6-2-10）建于1994年，建筑面积17856平方米，黑龙江省建筑设计院设计，是当时吉林市最高的建筑物。主楼平面呈"一"字形，该建筑结构复杂，采用现浇钢筋混凝土框剪结构，顶部第十八层塔楼为剪力墙结构，相邻裙房为3层混合结构。建筑立面采用从上到下纵向划分的分隔带，以茶色玻璃与浅米色石材相交替。屹立于松花江畔，与吉林电讯综合楼相辉映，成为从江城广场到市中心区的标志性建筑。

长春市图书馆（图6-2-11）位于长春市同志街1956号，建筑面积6036平方米，1992年建成并投入使用，由吉林省建筑设计院设计。此前曾几经迁移，历史可追溯至20世纪初期。建筑布局结合地段呈非对称布置，主体与城市主干道垂直，通过扭转入口的手法有效地完成了由外部空间向内部空间的过渡。建筑的外观在水平方向上分为三段：底部灰色，中部米黄，上部白色，檐口的处理为女儿墙结合瓦屋面的手法。这类处理手法在这一时期十分常见，在一定程度上体现了现代主义风格本土化过程中，建筑师们试图将民族形式融入其中，并赋予其地域性内涵的努力。

这一时期，在产生了大批新型建筑材料的同时，省内建筑技术的发展也取得了实质性的进步。

图6-2-7　长春名门饭店（来源：《吉林省当代建筑概览》）

图6-2-8　长春市人民银行营业楼（来源：《吉林省当代建筑概览》）

图6-2-9　中国古代"布币"图案（来源：网络）

图6-2-10　吉林市电业局微波调度楼鸟瞰（来源：《吉林省当代建筑概览》）

图6-2-12　中国光大银行长春分行营业大厦（来源：《吉林省当代建筑概览》）

图6-2-11　长春市图书馆（来源：《吉林省当代建筑概览》）

中国光大银行长春分行营业大厦（图6-2-12）建成于1999年，由中国东北建筑设计研究院设计。项目位于解放大路与同志街交会处，是吉林省首座全钢结构的写字楼，是一座集办公、商业、酒店于一体的综合性大厦。建筑面积近3万平方米，主体部分平面采用带凹角的矩形。一到五层为裙房部分，作为银行的前台服务大厅，部分用作商业服务。因其空间光线通透光亮，故名为"阳光大厅"。在裙房和上部主体两侧，对称布置两条用于连接和支撑起上部结构的"巨腿"，内设电梯、跑梯及各种管道井等通道。六到八层为分隔裙房与上部主体的一道横穿大楼的洞口，也是该建筑的一大特色。九到十八层作为银行的办公标准层。十九到二十五层作为酒店，采用环廊式、周边布置，中央设置天井。该建筑的竖向荷载全部由左右两组"巨腿"内各八根的钢柱骨架支撑，并且柱间用人字形、V形和单斜支撑相连，构成该结构体系的竖向支撑，用以承担水平荷载。另外，在大楼几个不同层数的纵向位置设置两片带有X形及人字形支撑的巨型平面桁架梁，用以承担竖向荷载，而且与两侧"巨腿"相连，与其共同构成纵向巨型框架体系的主结构，承担风荷载及地震作用。地下为劲性钢筋混凝土结构。该建筑一经建成就成为长春市当时的标志性建筑。因其与同时期框剪结构封闭厚重的建筑有很大区别，丰富了城市的视觉体验。

　　另一座比较有代表性的建筑是长春电影城（图6-2-13），它位于长春市绿园区正阳街92号，是1994年长春国际电影节的中心工程，由吉林建筑工程学院设计院设计。建筑面积约2万平方米。整体造型以翻卷的电影胶片为特征，造型奇特，富有强烈的时代感。电影城是亚洲当时最大的室内影视剧MTV的拍摄基地，也是集知识性、娱乐性、旅游观光性于一体的综合性文化旅游场所。本工程是由12个双层双曲变断面落地式网壳结构组成的辐射状网壳群体。该建筑由多个场馆组合，每一场馆因功能和造型需求，使得建筑形体各不相同，为施工带来了一定困难。此外，在网壳上开洞的做法在过去并不常见。

　　在这个时期，建筑设计和城市设计相结合的理念已经悄悄根植于建筑师和规划管理者的设计思想之中，使城市总体规划在控制性和修建性详细规划阶段得以有效执行和合理修正。建筑形态设计上注意与周边环境和建筑群体的相互整合与协调。

　　长春日报社新闻大厦（图6-2-14、图6-2-15）建成于1999年，建筑面积约1.2万平方米，吉林建筑工程学院设计院设计。建筑位于城市历史保护地段新民大街上，但并没有简单效仿"满洲式建筑"的折中风格。而是采用了后现代主义的手法，利用建筑的高度、体量、对称布局及立面构图比例寻求与周边历史建筑的呼应协调。在形态设计方面，提取周边建筑的一些形态要素，如色彩基调、局部带有坡度的檐口、解构了的大屋顶形式等，自然地建立起与周边历史建筑间的联系，弥补历史文脉发生的断裂，并成为其环境的有机组成部分。

图6-2-13　长春电影城电影大世界（来源：《吉林省当代建筑概览》）

图6-2-14　长春日报社新闻大厦（来源：《吉林省当代建筑概览》）

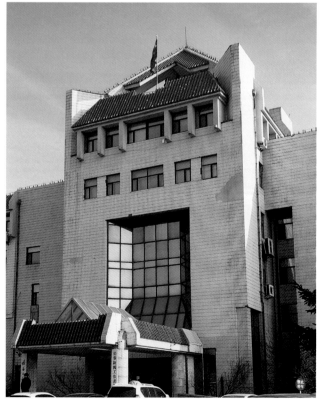

图6-2-15　长春日报社新闻大厦（来源：王亮 摄）

三、趋于理性的多元发展阶段（2001年以来）

进入21世纪，吉林省建筑创作趋于理性和多元。在满足使用功能的前提下，更加倾向于个性表现。城市逐渐由单中心向多中心发展，城市布局和人们的生活方式都发生了巨大的变化。省内建筑的类型日趋丰富，大型交通枢纽建筑、博物馆建筑、城市综合体等各类型建筑的建设，不但改变着区域城市景观，也慢慢改变了人们的生活方式。

经历了20世纪90年代对于建筑文化和价值观的考验，建筑创作中盲目推崇西方建筑样式的现象有所好转，与以往相比，设计师更加注重建筑的内在品质和全球化背景下建筑的地域性表达。

吉林省内规划界和建筑界通过多年来的摸索和积累，坚持贯彻城市宏观发展的建设理念，以城市总体风格为背景，开始探索追求与地域环境相和谐的建筑形态。同时，更为开放的市场环境也让更多的外埠设计机构参与到地方建设活动中来，在竞争和交流的环境下，促进了吉林省建筑市场的繁荣。

住宅建筑方面，进入21世纪以后，住宅建设完全走向市场化，前期策划、市场营销、人车分流等理念纷纷引入。获得良好日照始终是东北严寒地区居民的优先选择，因此南向优先，故住宅区组团采用行列式成了不得已的选择。国内各大地产巨头纷纷进入吉林房地产市场，五花八门的欧陆风情成为主流。本土开发商纷纷跟进。居住区的品质有了很大的提高，从形式到材料都有很多新的尝试。虽然也不乏高质量的产品，但从地域建筑文化的继承与创新角度审视，地域创作处于停滞徘徊状态。

在公共建筑方面，这一时期的设计作品形态风格更注重建筑自身的特色，并能很好地将形式与功能紧密结合起来，在建筑体量、色彩和空间环境设计等方面考虑了对附近城市空间的影响，对城市整体环境的塑造和区域空间品质的提升起到一定的积极作用。

随着城市建设速度的加快，大量高层建筑作品应运而生。以人民大街南端、工农广场附近为例，新吉粮大厦、伟峰·国际商务广场等建筑一起构成了长春南部的新地标。

新吉粮大厦（图6-2-16）于2004年竣工，建筑面积2.7万平方米，由吉林建筑工程学院设计院进行施工图设计。当时大厦是按四星级酒店标准建造的。建筑形态独特，造型别致，采用了较为独特的曲面造型且以玻璃幕墙作为主要外饰面，因外形与玉米相似，故被市民称作"苞米楼"，吉良集团是吉林省政府下属的粮食企业，吉林省作为全国重要的玉米产区，其形象较好地体现了建筑属性，是人民大街南端的重要建筑。

伟峰·国际商务广场（图6-2-17）位于人民大街7088号，新吉粮大厦的南侧，2005年竣工，由冶金部长春黄金设计院设计。该建筑高109米，地上共23层，由3层裙房与塔楼构成。建筑面积4万余平方米。其中地下二层为室内停车场，有效解决了地面停车紧张的问题。该建筑形态简洁明

图6-2-16　新吉粮大厦（来源：《吉林省当代建筑概览》）

朗，也许出于对沿街建筑形象和景观视线的考虑，西侧沿街立面采用通透的铝框中空玻璃幕墙，极具个性。随着高科技建筑材料的不断进步，可以有效弥补西晒大面积玻璃幕墙所带来的能源消耗问题，从而达到隔热节能、透明采光、防紫外线和隔声等目的。

吉林广电大厦（图6-2-18）位于长春市卫星路与东盛大街交会处，2007年竣工，建筑面积95800平方米，由深圳华艺设计有限公司进行方案设计，吉林建筑工程学院设

图6-2-17 伟峰·国际商务广场鸟瞰（来源：《吉林省当代建筑概览》）

图6-2-18 吉林广电大厦（来源：《吉林省当代建筑概览》）

计院进行施工图设计，是集演播、播音、办公行政及后勤服务于一体的综合型多功能建筑。该建筑的创作理念为"冰雕地景"，通过冰雕般的造型和诠释吉林省首字母的"J"、"L"有机结合，其建筑形象饱满且充满动感，宛如展翅腾飞的白鸽，充分展现了北方的冰雪文化，成为这一区域名副其实的地标性建筑。建筑高115.7米，共分为A、B、C三个区。A区为主体塔楼部分，共21层；B、C区为裙房部分，4~6层不等；地下一层，为设备用房和车库。该建筑主体为钢筋混凝土双筒体框架结构。其中应用的高性能混凝土和钢结构新技术。复杂外立面的深化设计及施工，高要求的声学设计及大面积屋面防水措施等都是该项目的亮点。但由于大面积玻璃幕墙的使用，高能耗成为一个大问题，与当地气候的矛盾冲突也遭到人们的诟病。

此外，一些高层建筑充分运用经典形式构成法则，将抽象几何形体进行高度形式感的组合和塑造。代表作品为吉林市城建大厦（图6-2-19）。项目位于吉林市越山路与解放大路交会处，建筑面积10000平方米，由北京市建筑设计院设计。该建筑平面呈三角形，整体分为裙房和塔楼两部分。裙房4层，上部塔楼为20层。建筑的外部形态处理手法主要是对简洁几何体的切割、穿插与扭转，同时结合建筑色彩的红白对比，产生强烈的视觉冲击力，给人留下强烈的印象。此外，建筑的细部处理也颇具特色，水平向的带状分隔，通过色彩、光影形成宽窄不一，富有韵律感的线状组合，在秩序中寻求变化。

在城市空间处理方面，建筑设计师们也开始逐渐重视，并进行了一些有益的探索。中国第一汽车集团公司总部大楼（图6-2-20）位于长春市绿园区东风大街2259号，建筑面积4.6万平方米，2005年竣工，由深圳建筑设计总院设计。该大楼横跨越野路，呈"门"形，由A、B两座建筑组成，隔东风大街与第一汽车集团公司"1号门"相对，地段位置十分特殊。"1号门"是新中国汽车工业的摇篮——第一汽车制造厂的标志性建筑，具有极其重要的历史和象征意义，"1号门"连同当年一同建造的厂房和住宅已被列为长春市首批历史保护建筑。总部大楼的设计尽管是采用了现代的形

式和材料，但是在空间尺度上与原有的建筑和街道相协调，其景框式的处理降低了大体量建筑对区域景观的压迫感，同时也将原有的"1号门"轴线沿越野路方向进行了延伸（图6-2-21）。

在多层建筑方面，一些较为重要的公共建筑陆续建成并投入使用，推动了区域的文化、商业、旅游等产业的发展。

长春市国际会展中心（图6-2-22、图6-2-23）位于长春经济技术开发区会展大街100号，2001年主体建筑落成并

图6-2-21　第一汽车集团公司总部大楼与"1号门"广场（来源：《吉林省当代建筑概览》）

图6-2-19　吉林市城建大厦（来源：《吉林省当代建筑概览》）

图6-2-22　长春国际会展中心全景（来源：《吉林省当代建筑概览》）

图6-2-20　第一汽车集团公司总部大楼（来源：《吉林省当代建筑概览》）

图6-2-23　长春国际会展中心7号馆（来源：《吉林省当代建筑概览》）

投入使用。此后陆续进行了二期扩建工程，到目前为止总建筑面积达15万平方米，共设有7个展厅，室内展览面积6万平方米，是省内最大的集展览、会议、商贸、旅游、餐饮、客房、体育赛事、娱乐休闲于一体的综合性展览建筑。其扩建工程由多家设计单位分别设计完成，其中，大综合馆建筑面积2万余平方米，为吉林省建筑设计院与日本志贺设计咨询有限公司联合设计；F展厅、G展厅分别为1.3万平方米，由吉林省林业勘察设计研究院设计。

长春经开体育场（图6-2-24）紧邻长春国际会展中心，2002年竣工，建筑面积32218平方米，看台座位2.5万个，可满足各种田径、足球比赛及大型文艺演出要求。主体建筑为南北通透，东西半屋面式样，采用塔柱式钢架拉索结构。

与此同时，文化类建筑也开始在省内紧锣密鼓的建设起来。2003年，长春市世界雕塑公园正式对外开放，园区占地约92公顷，是一个融合了当代中国雕塑艺术与世界雕塑艺术的主题公园。同时，它也是集自然山水与人文景观的现代城市公园。在主入口东侧是雕塑公园内的主体建筑——长春市雕塑

艺术馆（图6-2-25），建筑面积1.2万平方米，是目前国内最大的雕塑艺术馆。在艺术馆的外形设计中，利用不同形体的相互穿插和不同材质的搭配，以达到虚实空间的强烈对比，给人以和谐的美感。建筑入口处以纯白色廊架引导人流（图6-2-26），明确了前导空间的秩序和韵律。另外顺应地势的起伏变化，与周边环境有机融合、浑然天成，宛如碧绿坡地上一枚洁白的珍珠。而展馆内部在满足功能要求的前提下，充分利用高差的变化，形成不同层次、相互交叠的展示空间，自然光线的运用使展馆处于空间的相互渗透和明暗的对比之中。整座展馆本身就是一座巨大的现代雕塑艺术品。

东北师范大学自然博物馆（图6-2-27）是这一时期另一座省级博物馆项目，位于净月经济开发区净月大街2555号。2006年竣工，2007年向社会开放。场馆占地面积4公顷，建筑面积1.47万平方米，展厅面积6000平方米，库房面积3000平方米。展馆主体为椭圆形，主入口上方为透明玻璃幕墙，可清晰看到大厅内陈列的恐龙骨架模型。内部各陈列厅则主要展示吉林省具有代表性的生态景观——长白山，其

图6-2-24　长春经开体育场鸟瞰（来源：《吉林省当代建筑概览》）

他展区配合介绍了与吉林省生态环境有关的地质古生物、动物、植物等相关知识。

吉林师范大学图书馆（图6-2-28）位于吉林师范大学院内，2004年竣工，建筑面积24031平方米，为天津大学建筑设计院设计。建筑将不同的流线有效组织，主入口处用直通二层的大台阶引导读者流线，与主入口前的广场空间一起，形成开敞的空间视角。建筑为穿插的块状体量结合垂直方向上的面状要素，充分体现北方建筑厚重朴实的建筑特点的同时，也有丰富的细部处理。

长春市革命烈士纪念馆，长春烈士陵园位于长春市二道区英俊镇，是吉林省内建设规模最大、服务功能最为完备的烈士陵园（图6-2-29、图6-2-30）。纪念馆由何镜堂院士主持设计，2008年竣工。建筑面积：8747平方米。

纪念馆在整体规划上，立意为烈士陵园主雕塑的背景墙，其形体方正稳重，象征盛装长春革命史料的容器。建筑外立面由不同尺寸的方块叠加而成，寓意长春英烈辈出，前赴后继。这一极具雕塑感的外墙，承载着长春那段峥嵘的革命岁月和英烈们的浩然正气，其更成为长春的革命历史之墙。纪念碑形体简洁硬朗，整个碑的基座和碑身浑然一体，犹如春笋般从大地之中生长出来，逐渐消失于苍穹之中，象征长春先烈的革命精神与天地共存，与日月同辉（图6-2-31）。该建筑获中国建筑学会新中国成立60周年建筑创作大奖。

图6-2-25　长春市雕塑艺术馆（来源：《吉林省当代建筑概览》）

图6-2-26　长春市雕塑艺术馆廊架（来源：《吉林省当代建筑概览》）

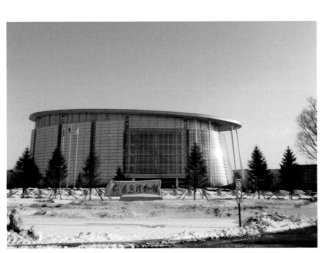

图6-2-27　东北师范大学自然博物馆（来源：《吉林省当代建筑概览》）

图6-2-28　吉林师范大学图书馆（来源：王大宇 摄）

图6-2-29 长春市革命烈士纪念馆（来源：王亮 摄）

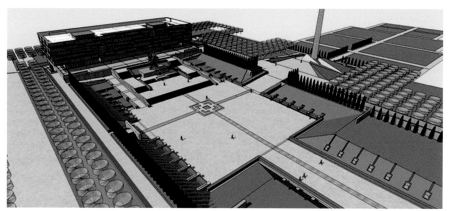

图6-2-30 长春市革命烈士纪念馆鸟瞰效果图（来源：网络）

图6-2-31 纪念碑（来源：王亮 摄）

　　吉林省金业大厦，2004 年由吉林建筑工程学院设计院设计，总建筑面积24660 平方米。秉承整合就业服务、保险业务、培训等功能于一体，注重集约化设计理念，追求稳重的建筑风格并突出标志性特征，通过"金叶"形象以隐喻"金业"，构思巧妙，以其独特的钢结构双塔屋顶形象成为城市节点，丰富了该区域的城市天际线（图6-2-32、图6-2-33）。

　　长春市朝鲜族中学位于长春市凯旋路与丙三路交汇处，总建筑面积23000平方米，由吉林建筑工程学院设计院设计，2006年5月建成。建筑立面追求现代风格的同时力求表达出朝鲜族中学的民族特征，采用朝鲜族传统服饰中常用的几种高纯度色彩作为醒目的建筑装饰元素。一组不规则梯形构件饰以夺目的纯色金属板，象征翩翩起舞的朝鲜族少女，极富动感。建筑形象表达了丰富的文化与艺术内涵，色彩鲜明，风格文雅（图6-2-34～图6-2-36 ）。

图6-2-32 吉林省金业大厦正立面（来源：张成龙 提供）

图6-2-33 吉林省金业大厦街景（来源：张成龙 提供）

图6-2-35 长春市朝鲜族中学效果图（来源：白皓 提供）

图6-2-34 长春市朝鲜族中学手绘（来源：白皓 提供）

图6-2-36 长春市朝鲜族中学效果图（来源：白皓 提供）

进入21世纪以后，伴随着城市建设的迅速发展，城市规模不断扩大，原有的城市空间日渐局促，尤其是城市核心商圈附近的用地愈加紧张。在吉林省的主要城市中，以商业行为为主导的城市综合体相继出现，通常是根据区域发展的需要，将商业、办公、居住、旅店、餐饮、会议、文娱等城市生活空间中的几项进行组合，并在各部分间建立一种相互依存、相互助益的能动关系，形成一个多功能、高效率的整体，对缓解城市中心的用地压力起到至关重要的作用。

北奇城市广场（图6-2-37）是吉林市第一座超五星级酒店环境的高端商务综合体项目，2005年竣工，由吉林省绿地建筑工程设计事务所设计。项目位于东市场繁华商圈内，是吉林市的重点工程项目。该项目建筑面积约9万平方米，底

图6-2-37 吉林市北奇城市广场（来源：《吉林省当代建筑概览》）

部为4层商业裙房，现为家世界大型综合超市。上部两座塔楼，分别为A座写字楼和B座酒店式公寓。建筑为现代风格，裙房部分外立面虚实结合、划分灵活；上部两座塔楼平面为矩形，呈垂直分布，立面简洁。

第三节　吉林省当代建筑创作的传承与发展

　　吉林省传统建筑体现了环境适应的智慧，具有鲜明的本土文化特征。在吉林省当代建筑创作中如何继承和发展，建筑师们在多年的建筑创作实践中已经进行了一些有益的尝试。在选址布局方面，当代建筑创作始终重视因地制宜，注重日照采光；传统建筑肌理、传统建筑色彩、传统建筑材料、传统建筑符号在新建筑当中以不同方式和程度得以体现；传统形式语言的转换，抽象空间的表现在一些新建筑中进行了探索；历史建筑保护与利用受到重视，传统建筑文化得以延续；运用新技术、新材料实现基于本土视角的文化再创造，建筑文化传统在建筑创作中得以继承和发展。

一、基于自然环境的地域建筑表达

（一）建筑与自然环境

1. 依山就势、顺应自然

　　赖特曾说，"只要基地的自然条件有特征，建筑就应像在它的基地上自然生长出来那样与周围的环境相协调。"万科松花湖国际旅游度假项目位于吉林市东南部，距国家4A级风景区松花湖约5公里，总规划用地20平方公里，是集滑雪度假、户外运动、餐饮住宿、会展购物、度假地产等功能于一体的标志性项目（图6-3-1）。万科引进美国、日本、北京等多家国际知名团队及品牌为度假区的开发工作提供专业支持。由吉林建筑大学设计研究院负责方案深化及施工图设计。

　　一期规划打造了四个各具特色的小镇，包括购物小镇、宜居小镇、自然小镇和度假小镇。28公里长的优质雪道饱览松花湖风景。国际级温泉度假酒店让人尽情享受自然。明信片式的步行商业街提供令人流连忘返的消费体验。另外还有8公里长的风景大道，作为进入度假村前的序曲。

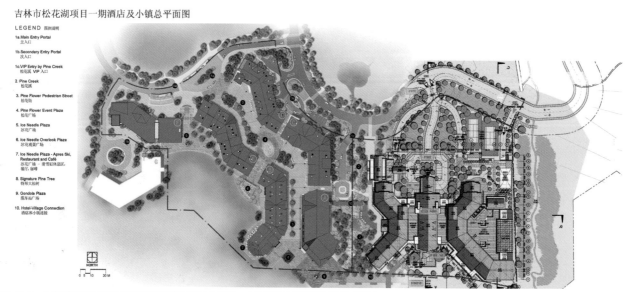

图6-3-1　万科松花湖国际旅游度假项目总平面图（来源：吉林建筑大学设计研究院 提供）

万科松花湖国际旅游度假酒店（图6-3-2、图6-3-3），占地2.6万平方米，建筑面积4.6万平方米，于2014年底正式投入使用。酒店采用双塔楼X型空间布局，最大限度地利用建筑空间实现观景功能，同时将大堂等公共空间布置在中部，12米高通体落地玻璃将建筑内外空间连成一体。立面设计采用山地建筑风格，错落有致的深灰色石板瓦坡屋面与仿木色陶板外墙面搭配，色彩亲切温和，立面均采用大面宽飘窗设计，自然美景尽收眼底。酒店的公共功能部分设计充分考虑了与环境的融合与协调，全日制餐厅面向雪场，可以让客人就餐时远眺雪场的山体景观；客人可以穿着雪具滑入滑出酒店。由于大青山附近地形高低错落，建筑依山就势建造，尽量保持了其原有地貌，建筑庭园以及屋顶花园补偿和改善了因建造而损失的绿地，巧妙地成为周围景观的延伸，使建筑融合在周围环境之中。

长白山吉视传媒铂尔曼度假酒店，项目建设地点位于原始森林周边，山清水秀，风光旖旎，森林覆盖率达80%。更有黄泥河流经项目地东侧。项目延续了吉林传统聚落舒朗开阔的外部空间形态，酒店由体量各异、大小不一的8个单体组成，看似随意实则有机地散落在大自然的山水之间。各个单体用景观连廊相互围合分割形成若干半开放式的庭院空间。立面处理构图丰满，线条粗犷，装饰朴素。采用当地特有的文化石以及仿木材料相结合的手法还原当地的原生文化。中心庭院中有台地、绿地、水面等丰富的景观元素（图6-3-4、图6-3-5）。

图6-3-2　万科松花湖国际旅游度假酒店夜景效果图（来源：吉林建筑大学设计研究院 提供）

图6-3-3　万科松花湖西武王子大饭店入口（来源：长春万科集团有限公司 提供）

图6-3-4　长白山吉视传媒铂尔曼度假酒店鸟瞰效果图（来源：吉林省建苑设计集团有限公司 提供）

2. 还原地貌、隐于自然

吉林省雪上项目综合训练中心位于吉林市北大壶经济开发区，这座用于雪上项目训练的体育建筑背倚青山，森林绿树环绕左右，周边自然风光旖旎（图6-3-6）。建筑面积1.02万平方米，建筑高度15.15米，地上4层，采用框架结构。建筑主体造型新颖巧妙，犹如一只展翅的大鹏鸟栖息于林木之中，形态舒展而优雅。训练中心在功能上主要分为住宿、训练、办公三大部分，通过公共交通连接。在设计上，结合北大壶风景区特有的"两山夹一沟"的地形地貌，考虑到周边一切自然要素的存在，并且从中寻求细微的联系，将它们与建筑有机结合以达到一种平衡。在材料的选择上，就地取材，室内外多处选用源于自然的木材、石材，并且在色调上以暖色调红棕色为主，使建筑无论在材质或是颜色上都与周边自然环境和谐而统一，最大限度地减小建筑对周边自然环境的不利影响，使得建筑消隐于自然，融合于自然（图6-3-7）。

长白山天域度假酒店位于白山市抚松县。以长白山为背景依山而建，以广场为核心，酒店群采用分散式布局，与隐映在森林之中的度假木屋构成有机的外部空间，与自然协调统一（图6-3-8）。屋面起伏错落，建筑形态与山势相呼应，较好地提升了环境品质（图6-3-9）。

北大壶滑雪场雪具大厅（方案）（图6-3-10）是集雪

图6-3-6　吉林省雪上项目综合训练中心（来源：吉林市建筑设计院有限公司 提供）

图6-3-7　吉林省雪上项目综合训练中心室内（来源：吉林市建筑设计院有限公司 提供）

图6-3-5　长白山吉视传媒铂尔曼度假酒店雪景效果图（来源：吉林省建苑设计集团有限公司 提供）

图6-3-8　长白山天域度假酒店总平面图（来源：吉林省建苑设计集团有限公司 提供）

图6-3-9　长白山天域度假酒建筑单体（来源：吉林省建苑设计集团有限公司 提供）

3. 共构共生、强化自然

建筑与环境存在着"互塑共生"的关系。

长白山万达国际度假酒店群，位于长白山市国际旅游度假区内，项目占地面积约18.34平方公里，项目集旅游、会议、休闲、商业、娱乐等功能于一体，规划为滑雪场、高尔夫、高端度假酒店群、旅游小镇、森林别墅等五个主要功能区。酒店群包括柏悦（3300平方米）、凯悦（50000平方米）、威斯汀（37000平方米）、喜来登（47000平方米）等9个度假酒店（图6-3-11、图6-3-12）。旅馆建筑毗邻长白山滑雪场，具有得天独厚的自然环境。度假酒店在规划和景观的设计上均利用了场地的天然优势。万达国际旅游度假区，2010年开始建设，2012年营业，除了低密度的设计，建筑材料也都是经过精心选择，与周边环境相协调，并且衬托出了长白山自然景观的神奇与壮观，使得建筑与自然相辅相成、共构共生。同时合理开发利用地下空间，在提高土地利用率的同时，最大限度地减少了对环境影响。

具租赁、雪服租赁、商业、餐饮、办公、展览、会议等为一体的体育服务类综合公共建筑，建成后将成为亚洲面积最大的综合性滑雪场雪具大厅。总体布局采用环抱式设计，将整个建筑体量沿自然山体舒展开来，用环境去包容建筑，使建筑与自然浑然一体。项目建筑整体造型在吉林传统山地建筑的基础上，借鉴北欧现代风格，运用斜屋面、仿石木结构等手段，结合现代钢结构以增加采光面积，形成了现代与古典完美结合的效果。

长白山国际旅游度假区运动员酒店式公寓，项目延续了吉林东部山区传统聚落外部空间形态，良好的山林植被条

图6-3-10　北大壶滑雪场雪具大厅（方案）（来源：吉林省建苑设计集团有限公司 提供）

件，通过体现乡村风情的 "林中木屋" 建筑形象，以求实现强烈的 "林海雪原" 地域建筑特征。

立面设计在东北民居的基础上，借鉴以北美乡村民居的部分特点，加以提升改进，以坡顶作为主要的建筑形式，以木质板材天然石材平板瓦及涂料作为主要外装饰材料，以营造自然生态，具有情景化的度假氛围（图6-3-13）。

（二）空间与微气候

1. 依靠形体、材料适应气候

气候对建筑形式、建筑能耗具有决定性作用。不同的气候条件决定了不同的建筑形式与风格。建筑在对气候的回应过程中，产生了自己的地域性，无论是建筑布局、建筑形

图6-3-11　威斯汀度假酒店（来源：吉林省建苑设计集团有限公司 提供）

图6-3-12　长白山万达喜来登度假酒店（来源：吉林省建苑设计集团有限公司 提供）

图6-3-13　长白山国际旅游度假区运动员酒店式公寓（来源：吉林省建苑设计集团有限公司 提供）

式、建筑材料，或者建筑构造，都创造了与当地自然气候相适应的建筑特色。吉林省地区位于中纬度欧亚大陆的东侧，属于温带大陆性季风气候，四季分明，雨热同季。春季干燥风大，夏季高温多雨，秋季天高气爽，冬季寒冷漫长。因而在吉林省地区的建筑设计中，应该充分考虑到该地区特有的气候条件，尤其注意建筑在冬季的防寒与保温，最大限度地适应气候，以节约建筑能耗。

长春市政府新办公楼采用东西水平方向的建筑群体布局方式，主要办公用房布置在南向，辅助用房布置在北向，有效地利用冬季太阳辐射，减少季节能源消耗。采用规整的平面布局、合理地控制建筑体形系数和窗墙面积比，使得建筑在形体上适合长春市地区冬季严寒的气候特点，从而大大减少因冬季采暖所带来的能源消耗（图6-3-14、图6-3-15）。

2. 采用主动式技术辅助调节微气候

随着建筑新技术的不断涌现，地理与气候的不利条件已经逐步被新技术所克服。在顺应建筑场地自然环境的同时，采用现代技术手段辅助，创造更加绿色舒适健康的建筑内环境，实现可持续发展，已经成为现代建筑师的重要关注点。长春莲花山旅游综合服务中心在大跨度通廊及大空间展厅处，分别采用预应力混凝土及网架结构，加大房间净高尺寸，获取更多太阳光照，以提高建筑内环境舒适度，调节微气候（图6-3-16～图6-3-19）。建筑采用地源热泵与电锅炉蓄能联合采暖制冷系统，代替传统锅炉房供暖方式，提高了能源利用率。

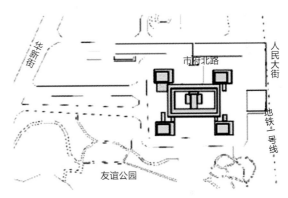

图6-3-14　长春市政府新办公楼总平面图（来源：自绘）

图6-3-15　长春市政府新办公楼（来源：吉林省建苑设计集团有限公司 提供）

图6-3-16　长春莲花山旅游综合服务中心（一）（来源：北银建筑设计有限公司 提供）

图6-3-17　长春莲花山旅游综合服务中心（二）（来源：王亮 摄）

图6-3-18　莲花山旅游综合服务中心（三）（来源：王亮 摄）

图6-3-19　莲花山旅游综合服务中心内部空间（来源：北银建筑设计有限公司 提供）

二、基于城市文脉的地域建筑表达

何镜堂先生曾经说过，"建筑是地区的产物，世界上没有抽象的建筑，只有具体的地区建筑，它总是扎根于具体的环境中，受所在地区的地理气候条件所影响，受具体的自然

条件以及地学地貌和城市已有的建筑环境的影响……"

（一）历史建筑保护与再利用

长影旧址博物馆所在的长春电影制片厂老厂区，前身为日本文化侵略机构株式会社满洲映画协会（满映），于1939

年竣工，是当时远东最大的电影制片厂。2013年被国务院核定并公布为全国文物保护单位。

长影旧址博物馆建筑面积37549平方米，包括原主办公楼、摄影棚、洗印车间等（图6-3-20）。建筑群主要为砖混结构，有部分钢筋混凝土结构。摄影棚大跨无柱空间、木板与墙体间填充谷壳形成的复合吸声结构等都具有技术及史料价值。改建设计由清华安地设计院完成。对毛主席像（图6-3-21）、长影厂入口大门、百米楼，办公楼前广场环境进行了整体规划与设计。对厂区办公楼及摄影棚等建筑进行了保护修缮，赋予其新的展示功能。长春作为新中国电影的摇篮，承载着一个时代的记忆，目前该组建筑已成为长春的一个重要文化场所。

长春水文化生态园位于亚泰大街与净水路交会处，由长春伪满"新京南岭净水厂"旧址修复改造而成，长春市级文物保护单位。南岭净水厂工程于1934年5月动工，同年11月竣工，1936年初开始供水。2015年由于新水厂建成，已供

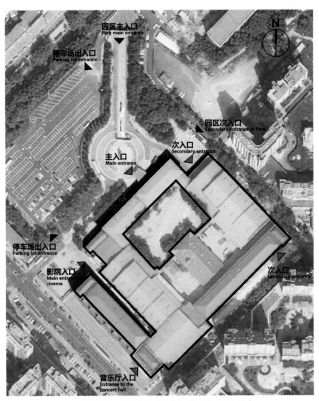

图6-3-20　长影博物馆旧址总平面图（来源：张乃月 绘）

图6-3-21　长影博物馆旧址及毛主席像（来源：王亮 摄）

水80余年的南岭水厂完成了历史使命正式关闭。整个园区占地面积30.2万平方米，拥有第一净水车间、第二净水车间等文物建筑18栋。经由长春市政府的全力推动，沉寂了多半个世纪的老工业城市厂区，被成功打造成为长春时尚的地标性场所和中国城市更新及工业遗产保护新典范，焕发出新的活力与生机。

水文化生态园改造时将厂区遗存建筑分为文保建筑、历史建筑、普通建筑三大类别，通过保护利用，以及改建、新建等方式，展现历史印痕、工业格调、艺术氛围——将工业遗迹与自然景观有机结合。通过文化情境再现和历史建筑再利用，最大程度尊重历史文化遗迹；通过功能置换及产业融入，最大程度塑造城市生态活力。文化生态园内，设置有六大功能板块区，分别是水文化生态区、历史文化博览会、文创产业示范基地、绿色科技试验场、运动嘉年华、艺术时尚生活秀。"长春水文化生态园"获MIPIM Awards 2019"最佳城市再生"入围奖（图6-3-22～图6-3-28）。

图6-3-22　长春水文化生态园卫星图（来源：高德地图）

图6-3-23　长春水文化生态园1（来源：段吉闽）

图6-3-24　长春水文化生态园2（来源：段吉闽）

图6-3-25　长春水文化生态园3（来源：段吉闽）

图6-3-26　长春水文化生态园4（来源：段吉闽）

图6-3-27　长春水文化生态园5（来源：段吉闽）

图6-3-28　长春水文化生态园6（来源：段吉闽）

（二）新旧建筑的对话

吉林大学第一医院二期病房楼（图6-3-29、图6-3-30）位于长春市朝阳区新民大街，建筑面积5.49万平方米，建筑高度40.2米，地上10层，地下3层，采用框架剪力墙结构。建筑所处的新民大街是吉林省首条"中国历史文化名街"，历史文化氛围浓郁。在大街两侧，矗立着保存完好的"伪满时期"的历史建筑十余栋，吉林大学第一医院原址的前身，"伪满洲政府军事部"就是其中之一。因此，吉林大

学第一医院二期扩建部分以保护群组遗址空间为首要条件，以原址为中心，依托原址进行布局，在整体的建筑风格上沿用了原址的暖色调，使扩建部分在色彩上与新民大街两侧的历史文化建筑相协调，减少对传统历史文化空间的破坏。同时，为了突出原址的庄重、肃穆，避免喧宾夺主，在屋顶部分的设计上放弃了原址伪满建筑标志性日式坡屋顶，选用更为低调、内敛的平屋顶。建筑立面的尺度控制与原有文物建筑协调统一。

面材料和色彩等手段与周边历史建筑取得协调，本着对街区文脉的尊重，新建建筑以其自身形态的谦虚低调，成为历史街区的延续与过渡。同时尝试将建筑的功能从传统封闭的空间中解放出来，创造充满活力的公共交流空间。通过虚实对比的手法，体现本土建筑的质朴与厚重。运用流畅及连贯的处理手法体现建筑的整体性与标志性。运用非对称的手法力求建筑恢宏大气又不失活动中心建筑应有的文化特征（图6-3-31~图6-3-34）。

图6-3-29   "伪满军事部"旧址图（来源：谢天夫 摄）

图6-3-31   吉林省直属机关老干部活动中心正立面（来源：吉林土木风建筑工程设计有限公司 提供）

图6-3-30   吉林大学第一医院二期病房楼（来源：王亮 摄）

图6-3-32   吉林省直属机关老干部活动中心（来源：吉林土木风建筑工程设计有限公司 提供）

吉林省直属机关老干部活动中心改造工程位于长春市新民大街，是长春市城市具有代表性的历史街区。建筑面积20400平方米，2019年竣工。主体建筑长110米，高24米。新建筑力求能有机地融入历史街区，没有简单模仿周边的传统大屋顶建筑，而是采用现代设计手法，通过体块关系、饰

图6-3-33　吉林省直属机关老干部活动中心室内（来源：吉林土木风建筑工程设计有限公司 提供）

图6-3-34　吉林省直属机关老干部活动中心（来源：吉林土木风建筑工程设计有限公司 提供）

三、基于材料和建造的地域建筑表达

　　随着建筑节能要求逐渐提高，外墙保温成为东北地区围护结构的重要指标。除了加气混凝土等自保温材料外，大多数采用外贴苯板、岩棉板等保温材料的做法。传统建筑材料只能成为饰面材料。随着新的饰面材料的出现，通过外表皮

质感、形式、肌理的变化以及构造措施的更新，延续传统意匠，将现代材料的"表皮"转化为地域建筑的新"表情"。地域的传统建筑材料被赋予新形式，以新建筑材料去体现传统的建筑性格。

（一）石材的肌理性建构

　　松山·韩蓉非洲艺术收藏博物馆位于长春世界雕塑公园东北角，2010年开始建设（图6-3-35~图6-3-38）。该馆建筑面积5600平方米，由著名建筑大师何镜堂设计，中国当代著名画家黄永玉大师题写馆名。博物馆设"艺术非洲"、"魅力非洲"和"黑色非洲"三大展厅，现场展出两千多件非洲雕刻和绘画作品，非洲马孔德现代艺术雕刻是馆藏品的重要组成部分。建筑采用现代构成手法，将展厅部分和辅助部分设计成两个扭转并叠加的体量，形成内敛的形式张力，厚重石材与轻盈金属格栅形成对比。以形体质感和肌理对比突出建筑形象，以此来回应非洲雕塑的艺术氛围，也较好地呼应了东北严寒的气候特征。

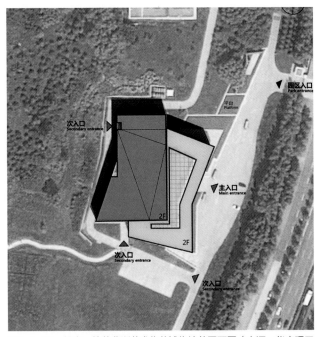

图6-3-35　松山·韩蓉非洲艺术收藏博物馆总平面图（来源：华南理工大学设计研究院 提供）

图6-3-36 松山·韩蓉非洲艺术收藏博物馆效果图（来源：华南理工大学设计研究院 提供）

图6-3-37 松山·韩蓉非洲艺术收藏博物馆细部（来源：王亮 摄）

图6-3-38 松山·韩蓉非洲艺术收藏博物馆立面（来源：王亮 摄）

（二）砖的肌理性建构

砖作为建筑材料有着悠久的使用历史。砖肌理具有丰富的表现力。在世界各地广泛采用，并形成多姿多彩的地域风格。美国建筑大师路易斯·康常用诗一般的口吻讲述着砖的意志：砖为什么想成为拱？因为拱是砖在受力状态下最优美的形式，因为拱完美地表达了砖的肌理。吉林动画学院图书馆位于长春市高新区博文路，建筑面积1.06万平方米。建筑立面完全选用吉林省地区传统红砖进行饰面，没有多余的装饰，每块砖材因色彩上的差异形成自然纹理，极具地域特色（图6-3-39）。在图书馆的设计中以展开的图书画卷为切入点，以砖作皮，玻璃为页，在红砖砌筑纹理以及被光柱穿透的单纯通透的玻璃墙之间相互作用下，隐喻着"知识空间"的渗透和蔓延，并以此将建筑艺术同高校文化有机结合（图6-3-40）。

图6-3-39 吉林动画学院图书馆（一）（来源：吉林建筑大学设计研究院 提供）

图6-3-40 吉林动画学院图书馆（二）（来源：吉林建筑大学设计研究院 提供）

（三）木材的肌理建构

木构建筑是中国传统建筑的主要体系，源远流长。吉林省地处长白山脉，林木资源丰富，自古以来即有砍树造屋的居住习俗，长白山区的传统木构民居更是展示了满族先民的文化和历史。长白山西景区山门综合服务区总建筑面为2740平方米（图6-3-41）。服务区在整体设计上，将传统建材与现代建材相结合，通过对木材的编织与建构，使得传统木材的纹理与现代玻璃的通透相互碰撞（图6-3-42）。空间的虚与实、传统与现代在玻璃与木材的转换中呈现。向人们传达着长白山地区传统木建筑持久的生命力。

长春市全民健身活动中心游泳馆是吉林省内首例大跨度现代化木结构示范项目。该建筑位于吉林省长春市南关区体北路166号。原建筑为网架结构。由于构件锈蚀严重，存在安全隐患，2019年进行了升级改造。改造后总建筑面积为10162.58平方米，地上建筑面积为9816.32平方米，地下建筑面积为346.26平方米。地上3层，地下1层，建筑高度16.25米，泳池大厅屋盖主跨度30米。泳池大厅屋盖及外围环廊全部采用现代胶合木结构承重，屋面采用铝锰镁合金屋面板，环廊外墙采用玻璃幕墙。改建后的建筑充分体现了现代木结构建筑的结构特色和材质特色（图6-3-43～图6-3-48）。

图6-3-41　长白山西景区山门综合服务区（来源：网络）

图6-3-43　长春市全民健身活动中心游泳馆1（来源：吉林省建苑设计集团 提供）

图6-3-42　长白山西景区山门综合服务区室内（来源：网络）

图6-3-44　长春市全民健身活动中心游泳馆2（来源：吉林省建苑设计集团 提供）

图6-3-45　长春市全民健身活动中心游泳馆3（来源：吉林省建苑设计集团 提供）

图6-3-46　长春市全民健身活动中心游泳馆室内1（来源：吉林省建苑设计集团 提供）

图6-3-47　长春市全民健身活动中心游泳馆5（来源：吉林省建苑设计集团 提供）

图6-3-48　长春市全民健身活动中心游泳馆2（来源：吉林省建苑设计集团 提供）

（四）金属材料的肌理建构

金属材质具有丰富的表现力，体现着现代、精致的特色。

长春市规划展览馆着力打造"流绿都市中绽放的城市之花"，同时肩负起昭示长春未来新城的责任。方案取意长春市花——君子兰，项目由中国建筑设计研究院崔凯院士主持设计。

长春市规划展览馆及博物馆主体框架为钢筋混凝土、局部为型钢混凝土结构，屋顶为钢桁架结构，屋面采用金属材质，外围则是斜交网格异型钢结构及幕墙结构形式（图6-3-49～图6-3-51）。建设总用地面积7.4万平方米，总建筑面积5.7万平方米。在建筑手法处理上，方案力求建筑形式与功能内容的完美结合，选择了统一的建筑语言，内部结构以菱形网格的钢构架为主体，外部以竖向弧线折板线条铝板和玻璃组成的幕墙为围护，局部入口部位采用玻璃幕墙。根据建筑体量变化，外立面不同部位的折板也随之变化，富于韵律动感。建筑外立面材料选择亚光浅色金属板（氟碳喷涂）结合玻璃幕墙，通过虚实结合，体现建筑的韵味，进而展现城市魅力。屋面采用直立锁边屋面系统，高低错落，形成丰富的第五立面。另外设计紧扣绿色、环保节能的主题，楼宇自

图6-3-49　长春市规划展览馆及博物馆（来源：长春市规划展览馆提供）

控、智能遮阳、自然通风等的使用，使它真正成为低耗能的
绿色建筑。金属材质的外墙板使该建筑新颖独特，获得了极
强的视觉冲击力和标志性。

四、基于隐喻和符号的地域建筑表达

（一）隐喻

　　隐喻作为建筑创作的一种常用手法，以某种显性形式作
为造型手段，表达某种隐性的文化意义。建筑的隐喻性包含
着某个时代或个人独特的建筑意象之中，构成了建筑结构及
形态基本特征。对于同一时代的建筑，这些特征就作为这个
时代的建筑隐喻而在交往网络的关系中被社会通过并一代一
代传递下来。在传统文化的传承过程中，某些传统表现为某
种形式上的东西，当被作为文化载体的时候，形式还常常成
为某种符号化的表达。使得建筑"神似"与"形似"并重，
以此来表达对地域文化的致敬，也不失为一种对文化、对自
然的美学选择。

　　延吉新火车站由延边科技大学进行方案设计，铁道部
第三勘察设计院完成施工图设计，于2004年11月建成并投
入使用（图6-3-52）。候车楼面积8000余平方米。火车
站的外部造型为中轴对称的形式，强调了建筑立面玻璃与石
材两种建材一虚一实的对比关系，并且在建筑一层的外廊设
计中结合了传统建筑中的廊柱结构。屋顶部分由中间向两侧
微微翘起。整个建筑造型优雅、舒展，如同朝鲜族民族的
"黑笠"，又像朝鲜族传统建筑中歇山顶的飞檐（图6-3-
53）。可以说，延吉火车站既体现了传统建筑的文化韵味，

图6-3-50　长春市规划展览馆及博物馆细部（来源：王亮 摄）

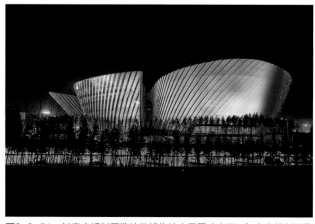

图6-3-51　长春市规划展览馆及博物馆夜景图（来源：长春市规划展览
馆 提供）

图6-3-52　延吉新火车站（来源：《吉林省当代建筑概览》）

又不失时代特征。这种将建筑与民族传统文化符号联系起来，以现代化的形式和技术手段进行表达的手法，是探索当代地域性建筑过程中的一次较为成功的尝试。

吉林广电中心位于长春市，2007年竣工，建筑面积9.58万平方米，由深圳华艺设计有限公司进行方案设计，吉林建筑工程学院设计院进行施工图设计，是集演播、播音、办公行政及后勤服务于一体的综合型多功能建筑（图6-3-54、图6-3-55）。该建筑的创作理念为"冰雕地景"，通过冰雕般的造型和诠释吉林省首字母的"J"、"L"有机结合，其建筑形象饱满且极富动感，宛如展翅腾飞的白鸽，充分展现了北方的冰雪文化，成为这一区域名副其实的地标性建筑。

集安市新博物馆位于吉林省集安市莲花公园以南，鸭绿江边，占地约3765平方米，是一座以文物展览为主的展览建筑（图6-3-56）。由齐康院士设计。集安市曾作为高句丽的都城长达425年，具有悠久的城市历史和深厚的文化底蕴。

如何体现高句丽文化？齐康院士由一片"八瓣莲花"瓦当受到启发。"八瓣莲花"是古老王朝留给集安的宝贵文化遗产，八瓣莲花盛开的那一刻也是最精彩的那一刻。博物馆正是以"八瓣莲花"作为设计概念，将8个拱形曲面依次拼接，形成圆形屋面，屋角向外大幅度悬挑并向上翘起，远远望去，好似一朵"八瓣莲花"（图6-3-57）。在屋面的顶部，使用回形的玻璃采光带，既丰富了第五立面——屋

图6-3-53　朝鲜民族的黑笠
（来源：网络）

图6-3-55　吉林电视台台标
（来源：网络）

图6-3-54　吉林广电中心效果图（来源：吉林建筑大学设计研究院提供）

图6-3-56　集安市新博物馆（来源：集安市文广新局 提供）

顶的造型，又满足室内的采光需要（图6-3-58）。建筑底层使用当地传统城墙砖砌筑，并形成一定的斜面，既为顶部的"莲花"提供了坚实的基础，又好似在向人们诉说着集安400多年的高句丽文明。在屋面与基座的交接处，采用大面积玻璃幕墙，通透的弧形玻璃将建筑衬托得更加轻盈。

建筑底层使用当地传统城墙砖砌筑，体现400多年的高句丽文明。

长白山满族文化馆位于吉林省白山市，建筑面积5818平方米（图6-3-59、图6-3-60）。自古以来，满族世代繁衍生息于白山黑水之间，与长白山结下不解之缘。满族文化馆在设计中紧紧围绕满族发源地长白山展开，重点突出吉林地区满族传统文化。建筑由地上与半地下两部分组成，地上部分为一个楔形空间，作为展示区，采用大面积灰白石材作为立面，并以萨满教面具与剪纸中提取出来的代表性符号进行点缀；半地下空间（下沉1.5米）包括办公区、存储区、车库和一部分展区，在突出地面的部分选用墨绿色大理石铺面，与地上部分形成鲜明对比。这种黑与白的对比让建筑在视觉上更具层次感，愈加体现了"白山发祥远，黑水溯源长"的文化内涵。主体建筑上方的盔形屋顶脱胎于传统建筑的攒尖顶，并且施以曲面柔化的重构变异处理，如同带了一顶满族八旗旗主的将军帽。

在满族民俗文化中，对萨满教的信奉和对神的敬畏使得满族人民常常举行祭祀活动，并奉乌鸦为神鸟，所以在传统建筑中都会树立索罗杆，放以食物供乌鸦食用，由此索罗杆成为满族传统建筑中特有的形式。在文化馆南侧矗立的六根石柱，形似索罗杆，不仅体现了吉林省地区满族传统建筑文

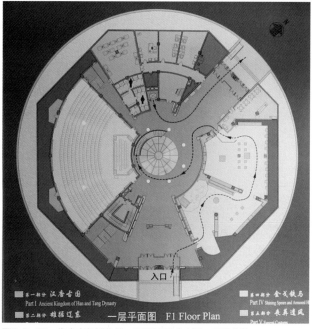

图6-3-57　集安市新博物馆一层平面图（来源：王亮 摄）

图6-3-58　集安市新博物馆室内
（来源：王亮 摄）

图6-3-59　长白山满族文化馆（来源：吴磊 提供）

化，更为南立面增添了变化。

　　吉兴大厦位于长春市，北远达大街，建筑面积8.8万平方米。功能为办公建筑及SOHO公寓。以白山松水为立意出发点，白色的实体墙面开细密窄窗，与玻璃幕墙形成强烈对比。竖线条加之局部曲面玻璃幕墙寓意流水意象，白色石材墙体寓意白山意象。是高层建筑呼应抽象地域文化的一种尝试（图6-3-61、图6-3-62）。

（二）符号与象征

　　符号既可以是某一种内在精神，同时也可以是外在感知形式。传统符号是在一定的时期和一定的地域内产生的，是对人们生活方式、生活环境、生活文化的反映。将代表地域文化的实体符号与建筑设计相结合，最直接的手法是将传统建筑色彩与材料、符号、屋顶和各种构件与现代建筑材料、结构、功能进行嫁接、拼贴。除此之外，建筑师也青睐于运用现代信息技术和科技手段将符号置入到建筑设计中去。

　　延边大学朝鲜族民俗博物馆位于吉林省延吉市延边大学校园内，建筑面积4300平方米，在建筑布局上采用朝鲜族传统四合院的空间模式（图6-3-63），保持了鲜明的民族特色。在建筑造型上，沿用朝鲜族传统民居饱满的歇山式大屋顶，出檐深远，在阳光下产生纵深阴影变化，使立面变得更加立体（图6-3-64）。通过挑出的屋顶、后退的屋身与凹进的廊子，形成错落有致的层次感，呈现出鲜活的立面效果。尤其是在门窗等细部上，延续了传统朝鲜族民居的符号和样式，纵横交错的细木窗棂，疏密相间，将朝鲜族特有的线条美展现得淋漓尽致（图6-3-65）。其华丽的色彩又有别于朝鲜族传统建筑的简朴素雅，让人印象深刻。

　　吉林省体育局综合训练馆位于长春市南关区自由大路（图6-3-66～图6-3-68）。建筑在方案设计上，从北方

图6-3-60　长白山满族文化馆主入口（来源：吴磊 提供）

图6-3-61　吉兴大厦夜景效果图（来源：吉林省建苑设计集团有限公司 提供）

图6-3-62　吉兴大厦（来源：吉林省建苑设计集团有限公司 提供）

图6-3-63　延边大学朝鲜族民俗博物馆（一）（来源：杜世亮 提供）

图6-3-64　延边大学朝鲜族民俗博物馆（二）（来源：杜世亮 提供）

图6-3-65　延边大学朝鲜族民俗博物馆（三）（来源：杜世亮 提供）

图6-3-66　吉林省体育局综合训练馆（来源：吉林省城乡规划设计研究院 提供）

图6-3-67　吉林省体育局综合训练馆立面（来源：吉林省城乡规划设计研究院 提供）

特有的寒冷气候特征入手，提取北方冬天最常见的白色"雪花"元素，具象为建筑立面的装饰性表皮，从而传达出"雪立方"的设计理念。同时，建筑主体层层错开，强调水平走向，有力地表现出运动的速度感，将吉林省地区冬天的"冰雪"与运动文化有机地结合在一起。

通化市科技文化中心位于通化市江南新区江南大道，毗邻万发拨子遗址公园，总建筑面积34492平方米，包括历史博物馆、自然博物馆、科技展览馆以及群众艺术馆等功能（图6-3-69）。2010年由中联程泰宁建筑设计研究院设计，2016年10月正式开馆。设计从人与自然互动为出发点，建筑通过折板造型，象征起伏的山脉，建筑本身也表达出一种"无尺度"效果，与周边山地环境融为一体。建筑外表皮以通化当地满族剪纸中的雪花、鹤等图案为母题，以文化通

感的方式形成"人与文化"的互动（图6-3-70）。内部空间通过盘旋上升的坡道串联空间，实现"自然、激情、发现"的文化体验（图6-3-71）。

延边城市展示中心位于吉林省延吉市长白山西路，建筑整体呈对称式布局，形体简洁方正与圆形展厅呼应，寓意"天圆地方"。利用植被覆盖的坡地形成高台效果（图6-3-72）。设计中采用减法，使二层局部收敛，形成外廊，三层高悬挑外檐象征传统建筑大屋顶（图6-3-73），形成丰富的空间体验。建筑采用灰白色砖石砌筑，简洁而明快。建筑在细部装饰独具新意地采用代表延吉文化的朝族文字装饰内部空间，并且从朝鲜族文字中提取元素，抽象为几何图形，装饰门窗玻璃，点缀立面（图6-3-74）。

延吉西站综合客运枢纽站房楼于2013年设计，2015

图6-3-68 吉林省体育局综合训练馆细部（来源：吉林省城乡规划设计研究院 提供）

图6-3-70 通化市科技文化中心主入口（来源：王亮 摄）

图6-3-71 通化市科技文化中心室内（来源：王亮 摄）

图6-3-69 通化市科技文化中心（来源：王亮 摄）

图6-3-72 延边城市展示中心（来源：吉林省建苑设计集团有限公司提供）

图6-3-73　延边城市展示中心屋顶（来源：吉林省建苑设计集团有限公司 提供）

图6-3-74　延边城市展示中心细部（来源：吉林省建苑设计集团有限公司 提供）

年竣工。项目位于延吉市新兴工业集中区东部，紧邻延吉高铁站西，为城市交通枢纽工程。总建筑面积11363.77 平方米，总建筑高度20.5米，建筑层数三层。 项目建于延吉市西部城市门户之地，用地充分，交通发达。根据延吉市城市总体规划要求，本案需与高铁客运枢纽站房在风格、造型、尺度及业态环境上保持高度一致，因此从规划布局到建筑语言的表达自然归于统一；但在建筑功能与细节表现中应有各自色彩，相互作用以致协调统一（图6-3-75、图6-3-76）。

延边朝鲜族自治州龙井群众文化艺术中心项目位于龙井市海兰路西铁路北侧，2013年设计，2015年竣工 。该建筑为演播性建筑，建筑面积24188平方米，建筑总高度27.45米，建筑层数五层。综合性演播建筑的复杂功能与建筑使用效能，是设计首要解决的核心问题；建筑形象塑造是城市地标性建筑精神气质的外在体现。本设计以纯净质朴的手法表达古典主义精义，力求使该建筑成为朝鲜族文化、地域文化的恰当载体（图6-3-77）。

延边州教育学院位于吉林省延吉市北延边职业教育园区内。建设规模8600平方米。局部 6层，框架结构。采用当地朝鲜族建筑风格，地域特征鲜明（图6-3-78、图6-3-79）。

图6-3-75　延吉西站综合客运枢纽站房楼正立面（来源：延边景鸿建筑策划设计有限公司 提供）

图6-3-76　延吉西站综合客运枢纽站房楼（来源：延边景鸿建筑策划设计有限公司 提供）

图6-3-77　龙井群众文化艺术中心（来源：延边景鸿建筑策划设计有限公司 提供）

五、基于场所精神的地域建筑表达

　　"传统是建筑创作的出发点而不是归宿之处"，日本建筑师筱原一男如是说。一味地在形式上对传统建筑进行模仿或重复，建筑创作只能在低端徘徊。吉林省由于地处严寒地区，建筑室内外空间无法与温暖地区一样形成"流动"，内外空间界限大多比较分明。建筑空间的内向性更突出，场所感的创造对于空间的使用和环境认同具有重要的意义。

图6-3-78　延边州教育学院 （来源：延边东北亚建筑设计院有限公司 提供）

图6-3-79　延边州教育学院建筑细部（来源：延边东北亚建筑设计院有限公司 提供）

（一）复合空间与场所感的创造

长春老年大学位于长春市南关区亚泰大街（图6-3-80），建筑面积4.33万平方米，建筑高度39.3米。由于建设用地面积十分有限，在满足老年人充足的日常室外活动场地的前提下，建筑在内部空间的组合上，开拓创新，颠覆常用建筑内部空间处理手法，将外部院落常用的空间组织手法应用于内部（图6-3-81）。主入口内凹形成巨大的灰色空间，通过错落的挑台实现室内外空间过渡。运用内向式空间手法将艺术剧场、展览馆、书画院、图书馆、游泳馆、多功能厅以及教学、办公等功能整合为一栋文化综合体，对于老年人这一特殊使用群体，充分利用不同艺术活动的聚合与互动效应，制造多种或正式、或偶发的邂逅与交流，从而激发场所的活力，增强了老年大学环境的归属感和认同感。建筑立面选用的是吉林省地区建筑常用的灰白石材，朴实而沉稳。微微凸出的窗间墙打破了单一的立面效果，同时增加了光影的变化。

65301部队招待所是2013年吉林省首届建筑方案创意设计大赛一等奖项目。建筑面积27861平方米。规划采用"天圆地方，九宫取位"的布局理念和"一轴、一环、两心、三区"的规划结构。建筑平面形式可隐喻为传统文化中的"九宫"方格概念，实体的为"品"字形的建筑部分，虚体为入口广场、内庭院等室外空间部分。虚实结合、天圆地方，也体现对中国传统文化的尊重。建筑形态设计上追求灵活、错

落的酒店建筑特色，采用倾斜的壁柱，向外伸展的檐口和适度的装饰构件，加上富有亲和力的色彩、材质等都用来烘托酒店的风情。同时不失部队建筑庄严稳重的特点，如采用严谨对称式构图、明确的轴线，厚重沉稳的墙身等，能反映出部队的文化气质和性格特征（图6-3-82～图6-3-84）。

图6-3-81　长春老年大学内部空间（来源：吉林土木风建筑工程设计有限公司 提供）

图6-3-80　长春老年大学（来源：吉林土木风建筑工程设计有限公司 提供）

图6-3-82　长春市65301部队招待所鸟瞰图（来源：吉林土木风建筑工程设计有限公司 提供）

图6-3-83　长春市65301部队招待所主入口（来源：吉林土木风建筑工程设计有限公司 提供）

图6-3-84　长春市65301部队招待所主立面（来源：吉林土木风建筑工程设计有限公司 提供）

敦化市渤海街社区文化体育活动中心项目位于吉林省敦化市，建筑面积6880平方米，2010年投入使用。设计充分考虑了当地的特殊地理环境，在满足使用功能的同时，又具有浓郁地域特色。立面采用竖向的木质壁柱与玻璃结合的手法，序列感极强的木质列柱采用当地林区盛产的松木加工而成，一层列柱之间以当地的火山石堆砌。设计中采用采用弧线处理，体现了建筑的运动感及时代感（图6-3-85、图 6-3-86）。

白山市政务中心位于吉林省白山市，建成于2018年，建筑面积3.64万平方米。框架结构地上五层，地下一层。入口柱廊气势恢宏，既有政府建筑的庄重感，又充满时代气息。建成后成为白山市新地标（图6-3-87~图6-3-89 ）。

图6-3-85　敦化市渤海街社区文化体育活动中心效果图（来源：吉林土木风建筑工程设计有限公司 提供）

图6-3-86　敦化市渤海街社区文化体育活动中心入口（来源：吉林土木风建筑工程设计有限公司 提供）

图6-3-87　白山市政务中心（来源：吉林省建苑设计集团设计 提供）

图6-3-88　白山市政务中心正立面（来源：吉林省建苑设计集团设计 提供）

图6-3-89　白山市政务中心报告厅（来源：吉林省建苑设计集团设计 提供）

（二）多样性和统一性的空间叙述

　　长春科技文化综合中心位于长春市净月区，建筑面积10.75万平方米，由博物馆、科技馆、美术馆三馆构成的综合性建筑（图6-3-90～图6-3-92）。地下二层，地上三-六层，三个石质的立方体如同风车的翼板般将一个公共的前厅建筑围合于中央。极具个性的开放空间成为入口大堂，另三座展馆别具一格。博物馆的大堂脱胎于深谷造型；美术馆的开放空间则对角线分明，颇具现代绘画风格；而科技馆中央大厅呈直角，象征科学与技术的严谨。三座博物馆均采取了相同的内部交通组织形式：所有外侧的展览空间均避免了阳光的直射，为循环的参观流线串联起来。展厅之间由开放的 空中桥梁相连接。三座立方体在建筑体态的雕塑感以及外立面细节上富于变化，色彩和材质则保持相对统一，外立面采用不同肌理的天然石材，内部空间采用与外墙相同石材，空间纯净统一（图6-3-93、图6-3-94）。成为城市东南新规划社区的标志。

图6-3-90　长春科技文化综合中心（来源：吉林省建苑设计集团有限公司 提供）

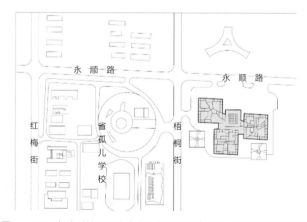

图6-3-91　长春科技文化综合中心总平面图（来源：吉林省建苑设计集团有限公司 提供）

该建筑体现出了简洁与多样性的设计理念。在GMP秉承的总体式设计理念中，多样性和统一性是一对互通互证的概念。通过简洁的设计，使作品在内容和时间上经得起考验。将建筑设计得合理易解是至高无上的原则。出于这个信念，作品表现出形式上的审慎和在材料上的统一。也是域外建筑理念对本土建筑空间创作手法的一次成功演绎。

图6-3-92　长春科技文化综合中心局部（来源：吉林省建苑设计集团有限公司 提供）

第四节　吉林省当代建筑文化传承的策略与途径

一、吉林省建筑文化的传承原则

传统建筑作为一种物质形态已经与其产生的时代成为历史的一部分；而建筑传统作为一种精神和习俗将得到延续和发展。因此，吉林省建筑文化传统的继承与发展应秉持适宜性、创新性以及可持续性的原则（图6-4-1）。所谓适宜性即传统建筑文化应该适应新时代、新需求；创新性即传统建筑文化并非一成不变，而是始终处于动态发展之中，创新才是传统的生命力所在；可持续即在建筑的全寿命周期内，最大限度地实现低碳环保，同时满足文化习俗的需要。

遵循以上基本原则，通过挖掘、解析吉林省传统建筑的智慧和经验，在新时期建筑的文化传承中，借鉴传统建筑在选址、空间、材料、结构和装饰等方面的优良传统，并尊重使用者宗教信仰、文化习俗，创造吉林省具有鲜明时代特征的地域建筑，实现地域建筑文化的延续和发展。

图6-3-93　长春科技文化综合中心内部空间（一）（来源：王亮 摄）

二、吉林省建筑文化的传承策略

吉林省当代建筑的传承与创新首先要不断深入挖掘地域传统建筑文化精髓，树立起文化自信，进而实现文化自觉。要与社会发展相协调，充分贯彻创新、协调、绿色、开放、共享的发展理念。在实践中进一步凝练地域特色，在继承中求发展。秉持开放态度，广泛吸纳新思想、新理念，把握建筑发展规律。

图6-3-94　长春科技文化综合中心内部空间（二）（来源：王亮 摄）

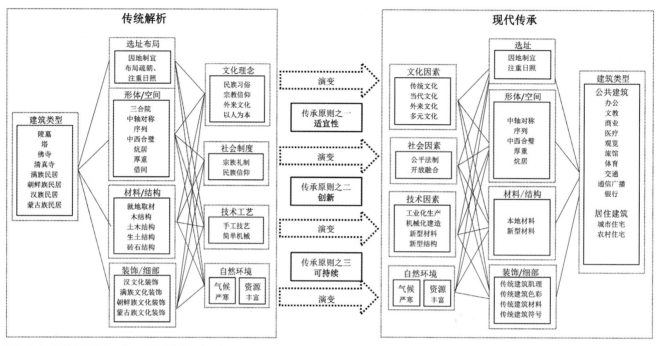

图6-4-1 吉林省建筑文化传承原则（来源：自绘）

（一）基于理性多元的传承策略

在传统的继承上可以继承大传统和小传统——即中国的传统和吉林地方的传统；同时继承硬传统和软传统——即物质形态的传统和精神层面和生活层面的传统；要以发展的观点去继承传统，要看到传统的演变发展。地域建筑现代化和现代建筑地域化也是建筑发展的规律。异域的文化和中国传统建筑文化交流、碰撞和融合，形成了多元的建筑文化现象。

（二）基于新材料地域化的传承策略

随着科技的进步，注重新材料的"地域性表现"，强调表皮材料与"地域环境"之间的关联性。以当代适宜生态技术建构高技表皮，如结合智能控制技术而具备动态保温功能的双层或多层表皮。这种适应"保温优先"型地域气候的表皮材料表现，相应地变化以传统材料实体建造的表皮界面形态呈现，或以现代工业材料高技分层建构的多层表皮形态呈现，它们是表皮材料的生态美学与形体美学的综合表达。

（三）基于新语汇传统化的传承策略

建筑是由很多部分集合而成的，各种功能不同的构件通过特定的构造方式形成有机的整体，形成一个完整的建筑。对建筑而言，功能决定形式，形式又制约功能，同时建筑语汇又随着时代的变迁而不断地演变。建筑文化的表现形式也应该相应地发生改变。传统的建筑语汇需要被重新转换，转换成现代的建筑语汇，以适应新的条件、新的技术、新的功能和新的审美情趣，在继承中不断发展与创新。

三、吉林省建筑文化的传承途径

"在经历了'国际式'、'欧陆风'以及'民族风'的洗礼之后，建筑与城市的特色逐渐模糊，这也使得人们更加清醒地认识到，建筑作为文化的一部分，与其所处的地域环境密切相关的重要性。而将'传统与现代'、'本土与外来'、'地域性与国际性'简单并置的二元对立思维方法已经过时，在更多的时候，它们相互融合，互相补充，满足快速发展与多元并存的双重需要。这就意味着要打破狭窄的地域视野，容纳全球意识，努力发掘地域文化，应用新技术和新材料，根据当地条件和现代生活方式，创造最符合生态节能原理和经济规律的现代地域性建筑，满足地域文化可持续发展的时代要求。"①

"地域建筑的营造方式、空间形态、艺术风格、装饰手法等，都沿袭着某种相同的模式和范本。具体有以下特点：①地域性：产生于特定的地理空间或地域单元。②普遍性：在该地域普遍存在并具有一定的规模和密集程度。③关联性：与所在地域的自然与人文环境密切关联并和谐共生"②。我们可通过对其所处自然环境、人文环境和生态技术的深入研究，探讨这些要素与建筑创作之间的互动关系，不断探索出当代建筑创作的继承与创新性原则，探寻吉林省地域性建筑创作的最佳表达途径。

（一）自然环境——"因势利导、发掘拓展"

1. 气候方面

气候直接影响人类的生活习惯，同时也是最直接地反映在建筑上的地域性因素。印度建筑师柯里亚说：形式追随气候。吉林省地处东北地区中部，位于东经121°38′～131°19′、北纬40°52′～46°18′之间，气候类型为温带大陆性季风气候，从东而西气候由湿润向半湿润、半干旱过渡，四季分明，冬夏温差大。一般城市内气温冬夏两季约在-30℃～32℃之间，极端气温最低会达到-32.3℃，最高达34.8℃。按照《民用建筑设计通则》中的规定，吉林省处于严寒地区。冬季盛行偏北风，夏季盛行偏南风，春季风速最大。

在建筑的规划上，通过建筑的群体布局控制，对场地内的微气候进行改善，局部有效地避免严寒所带来的不适。在场地布局中，充分考虑地区冬季主导风向，通过建筑的挡风

屏障作用，阻挡寒风侵袭。建筑群体组合时，注意相邻建筑之间的高度差，以避免因"涡流"、"高层风"等带来的不利影响。此外，在场地入口、建筑入口、室外活动区等的设计中，均可采取相应的措施，趋利避害，增加人们使用中的舒适度。

在建筑单体设计方面，要尽量争取良好的朝向，建筑的总平面布局走向以南偏东或南偏西15°为最佳朝向，应避免西向或西北向冷风直接灌入室内。建筑的外部体量通常会处理为简洁有力、浑厚大气，实体部分的外表面积较大。建筑形式相对较封闭规整，将室内与室外进行明确的隔绝和划分，以削弱外部恶劣环境对室内舒适度的影响。同时，减少不必要的凹凸变化，控制好窗墙比例，提高墙体及门窗的绝热性能，即减小建筑物外表皮的散热面积，有效起到保温和节能的作用。此外，在建筑色彩方面，应尊重城市色彩的主体基调，以明快、稳重的暖色为主，体现北方建筑的庄重和典雅。

在对光线的利用方面，注意建筑内部微气候环境的营造，主要体现在保持室内充足的阳光和恒定的室温方面。由于吉林省纬度偏高，太阳高度角偏低，冬季室内光线入射范围很大，无论多么寒冷的天气，阳光都会为建筑物起到保温的作用。因此，在建筑创作中，可通过建筑朝向的控制，尽可能地获取更多的阳光。此外，光线在空间中的光影变化也为人们增添了一份温馨和乐趣，是影响空间形态、建筑物表面肌理、颜色和空间效果的重要因素。例如对于建筑的外表皮来说，太阳入射角低可以使建筑物的阴影拉长且变化丰富，有助于我们感受建筑外部的材料、色彩及表面肌理。芬兰等北欧建筑中对于光线的运用可以成为我们借鉴的对象。

以上这些方面都是在自然气候条件主导下，建筑创作对地域性因素的回应，是地域性建筑在漫长的发展过程中积累和保留下来的鲜明特色，是过去、现在乃至将来的建筑创作中不可回避又不可或缺的部分，在充分利用这些要素的同时，还要注意深入发掘、合理拓展。

① 曾坚，杨崴. 多元拓展与互融共生 [J]. 建筑学报，2003，（6）：10-13.
② 徐荣升. 基于文脉的吉林省乡土建筑材料技术的研究 [J]. 建材与装饰，2018（08）.

2. 地貌方面

吉林省地势呈东南向西北递降趋势，地貌情况主要为：东部山区，长白山脉绵延千里，是我国六大林区之一，森林、水利、矿产、动植物、药物等特产资源都非常丰富；中部平原，土质肥沃，气候条件优越；西部草原，水源丰富，草质良好。由于省内河流众多，尤其是东南部地区，松花江、图们江、鸭绿江水系呈辐射状流经省内各市县，因此，出现了滨水和内陆两种典型的城市形态，也由此形成了不同的城市与建筑设计理念。

在建筑创作中充分利用地段特有的地形地势，尽可能地维持地段原有的自然环境，使得建筑与自然有机融合，彰显严寒地区独具特色的地景风貌。以吉林市为例，吉林市是以山水城市为特色、具有悠久历史文化的北方城市。依山临水是这个城市中建筑的大背景，尤其是松花江沿岸建筑，合理利用场地内的地形要素、景观要素，创造具有东北地域特征的建筑景观。

除了自然环境中的地形地貌外，城市建筑周围的人造地形环境，即道路结构、空间肌理，场所感营造等方面也是建筑创作中不可回避的问题（表6-4-1）。

自然环境对吉林省地域性建筑创作的
影响及创作途径　　　表6-4-1

层面		影响因素	创作途径
气候	微观中观	严寒、干燥	建筑外部体量：简洁有力、浑厚大气
			建筑平面形式：封闭紧凑、减少不必要凹凸、减少散热
			建筑形态：封闭实体、几何形式
			建筑外围护结构：控制窗墙比、墙体及门窗绝热性能
			建筑内部空气质量、温湿度及光线：空气新鲜、温湿度适宜、充分利用光线营造室内环境
			建筑单体组合：良好的朝向、建筑群体间的相互组合
地貌	宏观中观	松花江流经	滨水城市：传统与现代并行、山水城市理念、分区建设管理

（二）人文环境——"提取抽象、协调整合"

吉林省是一个多民族聚居的地区，以汉族为主，此外，还有满族、蒙古族、回族、锡伯族、朝鲜族等35个少数民族。多样的民族构成也造就了多种文化的碰撞与融合。这种多元文化的共生、共存和融合的特性，使得吉林省的人文环境具有兼容性、开放性的特点。文化的多元化也导致建筑与环境设计的多元，这在吉林省的建筑特点上也应有所体现。

1. 单体建筑风格

提起吉林省的传统建筑风格，多数人会联想到乡土民居的建筑形式。多民族聚居的历史与现状对吉林省乡土民居建筑文化产生了深远的影响。从建筑单体的外部形态到内部的空间布局及装饰都受到地域及民族文化的影响。不同民族的传统文化对建筑内部的布局起到决定性作用。以满族为例，满族民居由于受到"以西为尊，以南为大"传统观念的影响，逐渐形成了崇尚西屋的文化性格，所以在建房筑屋时受"以西为贵，以水为吉，依山为富"的习俗影响至深。建房时，需先落成西厢，并且西厢最大，为家中长辈居住。汉族民居建筑形式受中国儒家文化的传统影响至深，特别讲究宗法秩序、伦理道德和风水观念，强调中轴对称，尊卑有序。他们重视房子中间的堂屋，一般作为神圣的空间，供会客和日常生活之用。如今吉林省乡土民居尽管在建筑聚落的规划形态、单体的建造材料及技术上都有了与时俱进的变化，但其建筑内部布局所遵循的仍是对于传统文化习俗的承袭。

在建筑的外部形态表达上，一些具有典型民族特征的元素被抽象提取出来，运用于新建建筑。这种在建筑中对特有的民族文化信息的再现与表达，可以唤起人们对地域文化的共鸣，是地域性建筑表达的一种常见手法，前文中提到的延吉火车站就是地域文化在建筑中的具体体现。

2. 街区空间秩序的保护

在吉林省内主要城市在20世纪30年代的殖民过程中，

城市发展格局就已经确立，多年来基本保持了良好有序的发展与演变。以长春市为例，过去听到"大马路、四排树、圆广场、小别墅"的描述，大家会马上想到长春市的城市形象。"舒朗、大气、通透、开放"是长春市城市空间的特色所在。然而，伴随着城市化程度的不断提高，建设速度加快，这种特点逐渐被盲目现代化所取代，表现在城市的内部更新和新区建设上，城市原有的空间尺度被逐渐蚕食，使城市失去了鲜明特色和可辨识性。如何保护城市的街区空间秩序，延续地域文化传统，成为当今城市建设中的重要问题。

首先是城市新老区域的协调与整合问题。当代社会的快速城市化条件下，维持原有城市形象、保持原有空间秩序与尺度是城市规划与建筑设计工作者面临的严峻考验。国内许多城市都采取新旧城区分治的方法，即采用不同的城市发展速度和建设模式，通过不同的管理办法和对建筑风格的不同要求来协调二者在城市生活中的角色，将其整合于同一个城市脉络之中。

其次是传统街区的保护与改造问题。对于特色历史街区的改造或建设，应合理延续城市的文脉，在尽量保留传统街区尺度与部分重要建筑的同时，争取营造出当代城市的开放空间，更好地实现传统街区的有机更新。对于不同的历史街区与建筑采取不同的解决方案。主要涉及两种类型的历史街区：

一个是"伪满时期"的折中主义建筑。对于这些建筑的历史评价和价值评价，学术界认为：这些建筑带有浓烈的殖民地色彩和屈辱的印记，强烈伤害了中国人民尤其是当地人民的感情。虽然"伪满洲国"建筑在构图比例、色彩肌理和建造施工等方面均表现出较高的艺术价值，同时真实地反映出当时社会经济文化的最高水平。但是从历史建筑中寻找当代建筑的文化内涵是不可能的，况且对于已经成为历史的建筑样式进行单纯模仿也是当今时代精神所不允许的。对于这些"伪满时期"的历史建筑，将其作为那个时代的历史物证，同时作为城市肌理的重要组成部分，在建筑创作中做好历史建筑的保护与有机更新。

另一个是吉林省内大量的工业建筑遗产。新中国成立后，吉林省作为我国的重工业发展的摇篮，以第一汽车制造厂、长春客车厂、吉林三大化、长春电影制片厂等中国第一批工业厂区的建设在吉林省相继展开。这些厂区的建设在为我国经济建设做出贡献的同时，也代表了一个时代记忆。在城市发展的过程中，城市的规模与格局都有了巨大的改变，对这批工业建筑遗产的保护与更新也是现在及未来的建筑创作中的重要课题。

在地域文化的传承中，我们不能拘泥于形式要素，要摒弃仿造与历史建筑形式一致的"假古董"行为，应顺应时代发展，顺应人们生活方式变化，不断探讨地域文化与建筑创作的联系，使其获得持续的价值和生命力（表6-4-2）。

人文环境对吉林省地域性建筑创作的
影响及创作途径　　表6-4-2

	层面	影响因素	创作途径
单体建筑风格	微观	传统民居的习俗	重视建筑室内空间的布局与陈设
		地域文化的传承	
		近代建筑样式	做好保护与有机更新
区域空间秩序	宏观	新区、老区的共生	分区建设：不同的建设理念、管理原则、发展速度
		老区的改造措施	延续文脉、实现有机更新

（三）生态技术——"追本溯源、探索调整"

在以往建筑技术水平较低时，吉林省的建筑创作呈现为朴素的、实用的地域建筑形态。而随着技术的进步，当代建筑也呈现出不同以往的新形态。在建筑的地域性表达中，当代技术呈现可表现在如下几个方面：

1. 地方性材料的开发与利用

地方性建筑材料的使用，不仅是地域性建筑创作的重要表征，同时也符合当代绿色建筑的创作理念。地方性建筑材料的运用，将环保优势和经济优势体现得淋漓尽致。同时也表达了吉林省乡土民居对于自然环境的直观回应和对地区资源的朴素认知。传统的地方性建筑材料具有强大的生命力，然而在当代，大多数的建设活动局限在城镇范围内，城镇中的建筑类型、规模、形式和材料与传统民居建筑有很大差别，单纯运用地方材料进行传统的手工化作业方式很显然不符合时代特征，也不符合工业化生产的要求。可以考虑对这些地方性材料采用深加工的方式，使其与当代新材料之间进行整合，优势互补，发挥各自良好的性能特点，赋予地方性材料新的时代生机。

地域建筑材料文脉延续的技术策略①

• 引进材料技术的本土化引入增量的外部资源，以丰富本土的材料技术形式。但引进技术必须经过本土化改造，才能适应本省地域特色。可以通过改变建筑的形体、变换（扩缩、增删、组合、重构）以适应材料技术；也可通过改良传统材料、技术以实现现代化升级。其本质是外求。引进材料技术的本土化，有助于调节地域文脉秩序的紊乱，弥补乡土建筑材料的缺失，营造材料本身所带来的场所感和认同感，以寻求技术对文化的回应。

• 适宜性材料技术的开发

适宜性材料技术是依据地域自身条件的限制，针对气候特征、自然环境、文化习俗等文脉传统，可以通过改变现有材料技术的属性（虚实、正负、浅显、软硬）以适应建筑；也可将现代材料技术与地域传统材料技术因地制宜地结合。其本质是内醒。选取适宜的、有效的、适度的材料，可改善"低技不成、高技不就"的局面；降低冗余材料的生产成本；控制技术资金投入以提高生产能效；有助于建立环境友好型可持续发展战略，以便广泛应用。

2. 地方性能源利用

当今在环保先行的理念下，全世界大力倡导使用太阳能、风能、水能和地热能等可再生能源。对于吉林省这个自然资源丰富的地区来说，将这些资源充分地利用并由此达到环保的目的切实可行。

太阳能具有清洁、无污染、取之不尽、用之不竭的特点。尽管吉林省位于高纬度地区，但全年日照充足，省内许多城市开始大量使用太阳能产品，如太阳能路灯、太阳能热水器等。此外还可利用太阳能光伏板、太阳能电池板、太阳能收集器和太阳能树等一系列产品，可将太阳能有效转化为可储存的电能和热能，与建筑设计充分结合，达到节能高效的目的。

按照中国气象科学研究院《关于我国风能资源空间分布的三级区划指标体系》中的说明，吉林省的风力资源属较丰富区，部分为可利用区。可在风力发电、风力循环以及风力制热等方面加大研究力度，促进其在建筑创作中的转化和利用。例如，我省白城地区由于土质盐碱化，粮食产量低，当地利用强劲的风力进行发电，有效促进了当地的经济发展。此外，建筑本身也可利用风能进行通风设计以达到节能的目的。可利用风的流动带走室内多余热量的方法。目前一些较前沿的生态建筑设计通常使用双层外表皮，利用风在其中的自然循环，有效实现建筑的保温隔热。风能还可用于风力制热，将风能转换成热能。

水本身无污染、可再生。建筑本身可通过水的收集利用达到节能的目的。这种水的收集利用途径包括：家庭雨水收集器、雨落管、集水沟槽、太阳帽雨水收集帽等。

地热能有极大的开发价值，是未来最具应用前景的替代能源。地热能的利用是建立在地源热泵技术的基础上的。地源热泵技术是以地热（冷）源作为热泵装置的热源或热汇，对建筑进行供暖或制冷的技术。地源热泵通过输入少量的高品位电能，可实现能量从低温热源向高温热源的转移，在冬季向室内供热，夏季则对室内制冷，实现对建筑物的空气调节。吉林省有着丰富的地热资源，已经有一些建筑开始使用这项技术，效果良好。

生物质能的利用同样值得推广。吉林省有着丰富的农林业资源，是国内重要的粮食大省。发展生物质能在这里有着极大优势，它在利用丰富的农林废弃物获取有效能源的

① 徐荣升. 基于文脉的吉林省乡土建筑材料技术的研究［J］. 建材与装饰，2018（08）.

同时，也使得农林废弃物和污染物无害化、资源化、市场化。具体体现为沼气能源，主要运用于农村住宅和一些工业厂房。

3. 营建技术应用

在吉林省传统建筑的发展过程中，营建技术具有鲜明的地域特色。

这些传统的施工技术有着内在的合理性及自身的建造哲学，即一体化的思想。建筑的形态塑造和外表面的肌理构成与施工工艺有着内在的一致性。而这些技术在当前的建筑技术发展条件下，也仍然面临着与当代建筑形式、功能、材料等的协调问题。传统营建技术的当代表达成为建筑地域性创作的要点之一。应总结传统营建技术中的建造哲学，实现传统建造思想与现代建造技术的有机结合。生态技术对吉林省地域性建筑创作的影响及创作途径见表6-4-3。

生态技术对吉林省地域性建筑创作的
影响及创作途径　　　表6-4-3

	层面	影响因素	创作途径
地方性材料	微观	传统民居建筑材料	总结地方性材料的特性，对其深加工，实现地方性材料与现代材料的优势互补
地方性能源	微观	太阳能	太阳能路灯、太阳能热水器、太阳能光伏板、太阳能电池板、太阳能收集器和太阳能树等产品
		风能	风力发电、风力循环、风力制热，注重建筑设计中对"风"的利用
		水能	水力发电站、水的收集利用：家庭雨水收集器、雨落管、集水沟槽、太阳帽、雨水收集帽等
		地热能	利用地源热泵实现地热能的进一步开发
		生物质能	沼气等
施工技术	微观	传统民居墙体建造技术	总结传统技术中的建造哲学、实现传统建造思想与现代建造技术的有机结合

第七章　结语

　　中华文明源远流长，璀璨的文化生生不息。辽阔的疆域孕育了千姿百态的地域文化。吉林省地处东北中部，属于严寒气候区，四季分明，东部山地与中西部平原的地貌特征鲜明，民族众多，文化多样。高句丽，渤海，辽，金，蒙元，清等少数民族政权烽烟激荡，文化遗存丰富。境内以满族、朝鲜族、蒙古族为代表的少数民族文化；以闯关东为代表的移民文化；以俄国、日本为代表的殖民文化；新中国成立初期以计划经济为代表的老工业基地文化等文化种类众多。体现了先民智慧的民居形式多样，是吉林省重要的建筑文化基因库；省内近代建筑的起点高、类型丰富，在中东铁路建设时期、"伪满时期"以及新中国成立后的老工业基地建设时期打下了良好基础。但由于吉林省传统建筑到近代建筑的发展呈现的是一个突变的过程而非渐变过程，中华人民共和国成立之前，传统建筑文化的继承和发展在外来文化主导下呈畸形发展。20世纪50年代，吉林省作为东北地区重要的工业基地，城市建设快速发展，工业建筑、公共建筑和居住建筑设计达到了当时国内的先进水平。在计划经济的体制下，以及在全面向苏联学习的引领下，对于传统建筑的传承与创新实践也取得瞩目的成就。长春第一汽车制造厂、长春柴油机厂、吉林三大化等厂区建设、居住区建设成为那个时期的代表，"长春十大建筑"成为城市新名片。对于吉林传统建筑的研究与总结出现了以张驭寰《吉林民居》为代表的标志性成果。改革开放以来，城市风貌发生了翻天覆地的变化，经济建设也取得巨大的成就，由于近年来东北经济陷入低谷，人才流失严重，建筑创作水平与发达地区相比还在低位徘徊。与国内许多地区一样，由于片面追求发展，缺乏保护意识，城市及乡村大量的传统建筑受到破坏。对于传统建筑的研究，以吉林建筑大学为代表的一批学者经过多年的耕耘，也取得一定的研究成果。随着文化自信不断增强，对于"伪满时期"的城市建设及建筑设计的研究也取得了一定的突破。

本书在绪论中概括论述了吉林地域文化产生、发展的特征，上篇对吉林东、中、西部传统建筑的概况，从空间特色、单体及装饰特征、材料与工艺等几个方面进行解析，其中以满族和朝鲜族民居最具特色。下篇首先梳理了中国传统建筑文化在吉林近代建筑中的"继承和发展"以及在当代建筑中的"传承与创新"，探讨了吉林省当代建筑文化传承的策略和途径。对中国传统建筑文化的吸纳和继承，是现代建筑地域化过程中必然经历的过程；同时，对外来文化从"被动接受"到"主动应用"，也是传统建筑不断发展、更新的动力。本书技术资料丰富，全景展示了吉林省传统建筑风貌及其在近现代建筑中的继承和发展历程，具有一定的理论价值和应用价值。通过对吉林省当代建筑的梳理我们也看到，对于传统的传承和创新，建筑内在及其外在的表达上精细化程度不够，能够体现时代精神的精品不多。建筑是艺术和技术的结合，是人类文明重要的物质载体。一个国家的建筑创作水平体现了一个国家的科技实力、文化实力！现代建筑地域化、地域建筑现代化也将是一个长期的、几代建筑人不断追索的过程。如何在新时期继续探索吉林建筑的特色，传承优秀的地域文化传统，创新吉林建筑文化，是广大建筑师肩负的历史责任，任重而道远。

附　录

Appendix

吉林省主要传统建筑

序号	名称	位置	创建年代	遗存现状	备注
1	乌拉街满族镇清真寺	吉林省吉林市	清康熙三十一年（1692 年）	正殿和北廊（亦称北讲堂）	全国重点文物保护单位
2	吉林北山关帝庙	吉林省吉林市	清雍正九年（1701 年）	大雄宝殿、正殿、天王殿等	吉林省重点文物保护单位
3	吉林北山药王庙	吉林省吉林市	清乾隆三年（1738 年）	主殿、东西配殿	吉林省重点文物保护单位
4	吉林观音古刹	吉林省吉林市	清乾隆三十五年（1770 年）	正殿、藏经殿、东西配殿、钟鼓楼等	吉林省重点文物保护单位
5	吉林北山玉皇阁	吉林省吉林市	乾隆四十一年（1776 年）	正殿、东西配殿、钟鼓楼等	吉林省重点文物保护单位
6	长春长通路清真	吉林省长春市	清同治年间（1862 ~ 1879 年）	正殿、讲堂、女礼殿等	吉林省文物保护单位
7	吉林北山坎离宫	吉林省吉林市	清光绪二十三年（1897 年）	正殿、东西配殿	吉林省重点文物保护单位
8	吉林文庙	吉林省吉林市	清乾隆元年（1736 年）	大成门、大成殿、崇圣殿等	全国重点文物保护单位
9	伊通县城子村清真寺	吉林省伊通满族自治县	清顺治元年（1664 年）	正殿	吉林省重点文物保护单位
10	乌拉街"萨府"	吉林省吉林市	清乾隆二十年（1751 年）	正房、东西厢房、门房	全国重点文物保护单位
11	乌拉街"魁府"	吉林省吉林市	清光绪元年（1875 年）	正房、东西厢房、门房	全国重点文物保护单位
12	乌拉街"后府"	吉林省吉林市	清光绪六年（1880 年）	正房和西厢房	全国重点文物保护单位
13	吉林市机器局	吉林省吉林市	1886 年	厂房三间，门楼一座，碉堡两处	吉林省重点文物保护单位
14	天恩地局	吉林省洮南市	光绪二十九年（1903 年）	正房、东西厢房、门房	吉林省重点文物保护单位
15	七大爷府	吉林省前郭尔罗斯蒙古族自治县	1908 年	正房、东西厢房、门房	吉林省重点文物保护单位
16	祥大爷府	吉林省前郭尔罗斯蒙古族自治县	1908 年	正房、东西厢房、门房	吉林省重点文物保护单位
17	延吉边务督办公署	吉林省延吉市	1909 年	边务督办公署楼（南大楼）	全国重点文物保护单位
18	吉长道尹公署	吉林省长春市	1909 年	主堂、二堂，副堂	全国重点文物保护单位

吉林省主要近现代建筑

序号	名称	位置	创建年代	遗存现状	备注
1	万福麟宅邸	吉林省白城市	1926 年	正房、东西厢房	吉林省重点文物保护单位
2	吉林市吉海铁路站房塔楼	吉林省吉林市	1928 年	站舍、塔楼	全国重点文物保护单位
3	吉林省立大学"石头楼"	吉林省吉林市	1929 年	主楼、东楼、西楼	全国重点文物保护单位
4	伪满第八厅舍（交通部）	吉林省长春市	1936 年	主体建筑保存完整	全国重点文物保护单位
5	伪满第五厅舍（国务院）	吉林省长春市	1936 年	主体建筑保存完整	全国重点文物保护单位
6	伪满综合法衙	吉林省长春市	1936 年	主体建筑保存完整	全国重点文物保护单位
7	伪满第十厅舍（经济部）	吉林省长春市	1935 年	主体建筑保存完整	全国重点文物保护单位
8	伪满第四厅舍（民生部）	吉林省长春市	1937 年	主体建筑保存完整	全国重点文物保护单位
9	伪满第六厅舍（司法部）	吉林省长春市	1935 年	主体建筑保存完整	全国重点文物保护单位
10	长春市地质宫	吉林省长春市	1954 年	主体建筑保存完整	吉林省重点文物保护单位
11	吉林省图书馆	吉林省长春市	1958 年	主体建筑保存完整	吉林省重点文物保护单位
12	长春光学精密机械研究所	吉林省长春市	1951 年	主体建筑保存完整	吉林省重点文物保护单位
13	长春市体育馆	吉林省长春市	1957 年	主体建筑保存完整	吉林省重点文物保护单位
14	吉林大学理化楼	吉林省长春市	1964 年	主体建筑保存完整	吉林省重点文物保护单位
15	吉林省宾馆	吉林省长春市	1958 年	主体建筑保存完整	吉林省重点文物保护单位

参考文献

Reference

著作

[1] 张驭寰. 吉林民居 [M]. 北京：中国建筑工业出版社，1985.

[2] 于维联，李之吉. 长春近代建筑 [M]. 长春：长春出版社，2001.

[3] 曲晓范. 东北近代城市的历史变迁 [M]. 长春：东北师范大学出版社，2001.

[4] 曲晓范，赵欣. 吉林城镇通史 [M]. 长春：吉林人民出版社，2015.

[5] 王亮，张萌. 吉林省当代建筑概览 [M]. 长春：吉林大学出版社，2014.

[6] 于笑然，王洪顺. 一座城市的经典记忆-长春规划建设60年 [M]. 长春：长春出版社，2009.

[7] 刘厚生. 中国长白山文化 [M]. 长春：吉林出版集团有限责任公司，2014.

[8] 费孝通. 乡土中国 [M]. 北京：三联书店，1985.

[9] 韩沫. 北方满族民居历史环境景观 [M]. 北京：中国建筑工业出版社，2015.

[10] 李治亭. 东北通史 [M]. 中州古籍出版社，2003.

[11] 陆元鼎. 中国民居建筑 [M]. 广州：华南理工大学出版社，2003.

[12] 中国传统民居类型全集（吉林卷）[M]. 北京：中国建筑工业出版社，2014.

[13]（韩）金俊峰. 中国朝鲜族民居 [M]. 北京：民族出版社，2007.

硕博论文

[1] 刘威. 长春近代城市建筑文化研究 [D]. 长春：吉林大学，2012.

[2] 陆严冰. 民国建筑中设计意识现代性研究 [D]. 北京：中央美术学院，2017.

[3] 张耀天. 长春近代建筑装饰图案研究 [D]. 长春：东北师范大学，2016.

[4] 金正镐. 东北地区传统民居与居住文化研究 [D]. 北京：中央民族大学，2005.

[5] 周巍. 东北地区传统民居营造技术研究 [D]. 重庆：重庆大学，2006.

[6] 孙佳. 吉林传统民居建筑元素在现代建筑立面装饰中的应用研究 [D]. 长春：吉林建筑大学，2014.

[7] 郝秀春. 北方地区合院式传统民居比较研究 [D]. 河南：郑州大学，2006.

期刊

[1] 刘厚生. 长白山文化的界定及其他 [J]. 中国边疆史研究，2003（12）.

[2] 张俊峰. 图说"满洲式"建筑样式对长春建筑创作的影响 [J]. 建筑与文化，2015（08）.

[3] 彭缘. 浅析伪满建筑的文化内涵 [J]. 人间，2016（05）.

[4] 徐荣升. 基于文脉的吉林省乡土建筑材料技术的研究 [J]. 建材与装饰，2018（08）.

[5] 曲奎. 长白山文化的地域性、民族性、历史性 [J]. 长白

学刊，2006.

[6] 刘刚，王悌. 吉林市寺院道观建筑的布局及特色［J］. 社会科学战线，1990（03）.

[7] 王轶博，徐跃，蔡均. 锦江木屋村：绽放在冬日的乡村美景［J］. 吉林画报. 2016（12）.

[8] 金日学. 朝鲜族民居空间特性研究［J］. 吉林建筑工程学院学报. 2011（05）.

[9] Jinrixue. The research on the rural living space characteristics and evolution of Chinese Koreans. 2010.

[10] 金日学，张瑞桐，屈潇楠. 咸境道型朝鲜族民居的特点及空间行为演变［J］. 建筑与文化，2018（10）：237-238.

[11] 于迪. 论满族传统民居文化［J］. 满语研究，2010（02）：111-116+147.

[12] 李信昊，金俊峰. 东北地域农村朝鲜族民居实态调查研究——以延边龙井市龙山村为中心［J］. 延边大学学报（自然科学版）. 2002（09）.

[13] 周立军，李同予. 东北汉族传统民居形态中的生态性体现［J］. 城市建筑. 2011（10）.

[14] 周立军，李同予，曲永哲. 东北汉族传统合院式民居的空间特点解析［J］. 南方建筑. 2008（05）.

[15] 张凤婕，万家强. 东北地区汉族传统民居院落原型研究［J］. 华中建筑. 2010（10）.

[16] 刘凤云，周允基. 清代满族房屋建筑的取暖及其文化［J］. 中央民族大学学报. 1999（06）.

[17] 刘小萌. 清代东北流民与满汉关系［J］. 清史研究. 2015（04）.

[18] 王中军. 东北满族民居的特点——乌拉街镇"后府"研究［J］. 长春工程学院学报（自然科学版）. 2004（01）.

[19] 王铁军. 东北满族传统村镇聚落历史演变研究［J］. 文艺争鸣. 2015（07）.

[20] 周立军，苏瑞琪，杨雪薇. 从众效应下东北传统民居保护策略研究［J］. 城市筑，2017（26）：24-27.

[21] 周立军，王艳，周天夫. 东北满族传统民居建造技术文化地理研究［J］. 城市筑，2017（23）：14-16.

[22] 王文卿，周立军. 中国传统民居构筑形态的自然区划［J］. 建筑学报，1992（04）：12-16.

[23] 徐艳文. 满族传统民居的建筑风格［J］. 建筑，2017（01）：61-62.

[24] 都超锋，奚江琳，孙威. 中国近代建筑混合结构类型分析［J］. 山西建筑2016（12）.

[25] 刘亦师. 中国近代建筑的特征［J］. 建筑师，2012（6）.

[26] 秦佑国. 中国现代建筑的中国表达［J］. 建筑学报2004（5）.

[27] 杨炳德. 关于中国近代建筑史时期民族形式建筑探索历程的整体研究［J］. 新建筑，2005（1）.

吉林省传统建筑解析与传承分析表

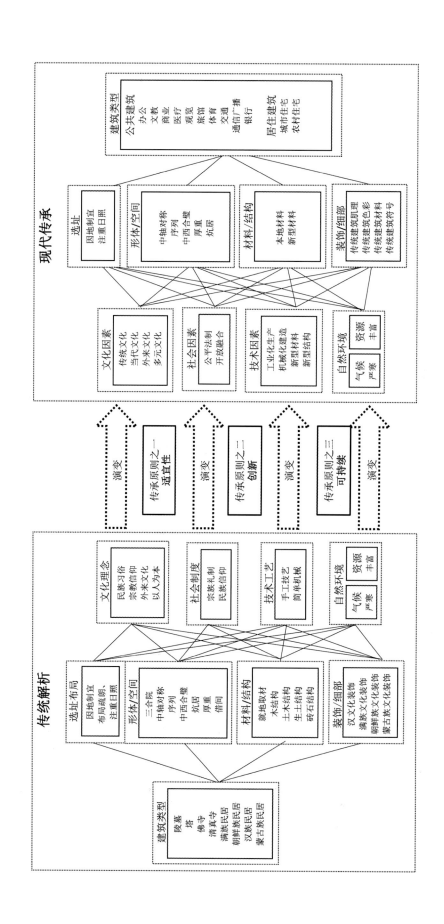

后 记

Postscript

　　《中国传统建筑解析与传承 吉林卷》书稿经过两年多的努力终于完成了。在书稿写作过程当中，经历了许多困难，写作组在资料收集、书稿架构及内容修改得到了很多人的帮助，在此衷心感谢编审组和吉林省住房和城乡建设厅领导的大力支持。编写过程中，吉林省建苑设计集团、吉林建筑大学设计研究院、吉林省城乡规划设计研究院、吉林省土木风建筑设计有限公司、吉林省北银建筑设计有限公司、吉林市建筑设计有限公司、延边景鸿建筑设计有限公司、长春市规划局、吉林省文物考古研究所、吉林省建筑摄影学会、吉林省自然资源局、延边东北亚建筑设计院有限公司等部门提供了大量设计实例及相关资料；房友良、刘晓辉、郭锐、申市兴、孙旭等好友也给予了很大帮助；研究生和本科生赵艺、郑宝祥、王薇、吴翠玲、李亮亮、孙宇轩、李宏毅、崔静瑶、王铃溪、李宾、李泽峰、刘秋辰、贲宇强、宋立岩、赵群、梅郊等同学也为该书的出版做了绘图、整理、调研等大量工作，在此一并致以诚挚谢意。

　　吉林省行政建制变化较大，历史上由于清政府的封禁政策，传统建筑的历史短，数量及种类相对较少。改革开放初期由于缺乏保护意识，现存传统建筑实例已经不多，虽然有一定的研究积累，但受到编写人员专业素质、知识水平的限制，对吉林省传统建筑的解析难免挂一漏万。吉林近代建筑所具有的强烈的殖民色彩，如何把握对其评价的尺度，业界和社会仍然存在较大的争议。但我们确信，随着民族文化自信的不断加强，对吉林近代建筑的价值认定会越来越客观。

　　书中涉及引用、引注部分都尽可能标注清晰，如有遗漏可与作者及时联系。个别案例没有查清准确来源，在此深表歉意。对知识产权的保护是每个学术工作者必须遵守的行业准则。对吉林地域的传统建筑文化的挖掘还有很多不够深入的方面，当代建筑的传承与发展还有很多的内容有待进一步研究。全书时间跨度长，涉及区域广，建筑类型多，书中论述及引用难免出现错误和不足，望专家和读者批评指正。

2020年5月于长春